Du kannst dein Leben außergewöhnlich machen und deinen Traum leben. Du kannst dabei Glück und Erfüllung finden, reich oder sogar berühmt werden. Die Möglichkeiten, um neben dem normalen Job etwas Außergewöhnliches zu machen, waren noch nie so gut wie heute – und dennoch ist dieses Buch keine »in 30 Tagen zum Erfolg«-Anleitung. Dieses Buch macht dir keine unrealistischen Erfolgsversprechen. Es erzählt vielmehr vom echten Leben – von Zweifeln, Bedenken und Irrtümern. Es zeigt, wie es trotzdem weitergeht und was du aus den Fehlern anderer lernen kannst. Es zeigt, dass Träume verrückt und vielfältig sein dürfen. Von der Idee, mit eigenem Sexspielzeug ein Unternehmen zu gründen, bis zum Leben als digitaler Nomade auf Weltreise – alles ist möglich! Du brauchst nur ein bisschen Mut, Lust und einen Anstoß, um endlich anzufangen.

Dieses Buch war selbst ein verrückter Traum. Dass er real wurde, ist den vielen Unterstützern zu verdanken, die Palmen in Castrop-Rauxel zu einem großen Crowdfunding-Erfolg gemacht haben.

»Mut steht am Anfang.

Glück am Ende.«

Demokrit

Dennis Betzholz | Felix Plötz

Palmen in Castrop-Rauxel

Vom Mut, Träume zu verwirklichen

REDLINE | VERLAG

Bibliografische Information der Deutschen Nationalbibliothek:
Die Deutsche Nationalbibliothek verzeichnet diese Publikation in der Deutschen Nationalbibliografie; detaillierte bibliografische Daten sind im Internet über **http://d-nb. de** abrufbar.

Für Fragen und Anregungen:
lektorat@redline-verlag.de

1. Auflage 2017
© 2017 by Redline Verlag, ein Imprint der Münchner Verlagsgruppe GmbH, Nymphenburger Straße 86
D-80636 München
Tel.: 089 651285-0
Fax: 089 652096

Redaktion: Christiane Otto, München
Umschlaggestaltung: Marc Fischer, München
Umschlagabbildung: shutterstock/0llyy
Satz: Röser MEDIA GmbH & Co. KG, Karlsruhe
Druck: GGP Media GbmH, Pößneck
Printed in Germany

ISBN Print 978-3-86881-686-0
ISBN E-Book (PDF) 978-3-86414-985-6
ISBN E-Book (EPUB, Mobi) 978-3-86414-986-3

Weitere Informationen zum Verlag finden Sie unter
www.redline-verlag.de
Beachten Sie auch unsere weiteren Verlage unter
www.m-vg.de

Inhalt

Vorwort

Wir sind für dieses Buch mehr als zwanzigtausend Kilometer durch Deutschland gefahren, haben über fünfzig Stunden Interviews geführt, auf fremden Sofas übernachtet und durch Crowdfunding zehntausend Euro eingesammelt. Wir haben eine Menge Zeit und Energie investiert, um unser Ziel zu erreichen: zwölf außergewöhnliche Geschichten zu erzählen. Doch was bedeutet »außergewöhnlich«? Was macht diese Geschichten so besonders?

Es sind zwei Dinge. Erstens stecken hinter diesen Geschichten, in denen es um große Träume, jede Menge Mut und teilweise auch sehr viel Geld geht, keine Genies oder abgehobene Überflieger. Vielmehr sind es ganz normale Menschen, die sich getraut haben, ihr Leben in die Hand zu nehmen und zu etwas Besonderem abseits des Normalen zu machen. Es sind sprichwörtlich Menschen »wie du und ich«. Diese Geschichten sollen dich, lieber Leser, daher nicht nur unterhalten. Sie sollen dir zeigen, dass es geht. Dass es auch für dich möglich ist, deine eigenen Ideen und langgehegten Wünsche endlich in die Tat umzusetzen.

Zweitens sind dies Geschichten über »4-Stunden-Start-ups«. Mit anderen Worten: Es sind Geschichten von »Nebenhermachern«. All die Ideen in diesem Buch sind neben dem Job begonnen worden. In vielen Fällen ist dies der Grund, dass sie überhaupt umgesetzt wurden, denn auf diese Weise haben unsere Protagonisten es geschafft, das Risiko bei ihren Unternehmensgründungen zu minimieren – und den Schritt vom bloßen

Wollen zum echten Machen zu gehen. Sie haben ihre Abenteuer mit einer Art Vollkaskoversicherung geplant und umgesetzt. Ein ungewöhnlicher, aber äußerst eleganter Weg!

Jede der Geschichten war zu Beginn eine Reise ins Unbekannte. So wie auch unsere eigene Reise, die wir in dieser Neuauflage zum ersten Mal komplett erzählen werden. In aller Kürze: Aus zwei Selfpublishern, die ihr eigenes Buch selbst als Nebenherprojekt neben der normalen Arbeit realisierten, es durch Crowdfunding finanzierten und es im Alleingang in den Handel brachten, wurden wenig später zwei echte Verlagsgründer. Plötz & Betzholz wurde Anfang 2015 Deutschlands erster Verlag für Youtuber und Social Influencer. Inspiriert durch eine der Geschichten in diesem Buch, lag dieser Schritt für uns nahe. Genauso wie die Überlegung, den Verlag auch weiterhin nebenher, also als »4-Stunden-Start-up« zu führen.

Für unsere Idee wurden wir mit der »Wildcard« der Frankfurter Buchmesse ausgezeichnet und bekamen viel Aufmerksamkeit in der Buchbranche. Kurze Zeit später legten wir unseren ersten *Spiegel*-Bestseller vor und nur knappe zehn Monate nach der Gründung von Plötz & Betzholz wurde unser eigenes 4-Stunden-Start-up von einer großen Verlagsgruppe übernommen. Felix' Buch *Das 4-Stunden-Startup* erschien Anfang 2016 und wurde mehrfacher Bestseller.

Ist unsere Geschichte eine Erfolgsgeschichte? Vielleicht. Sicher sind allerdings zwei Dinge: Es war eine Reise ins Unbekannte, auf der die Freude am Weg stets mehr zählte als das mögliche Ergebnis. Und: Es ist die Geschichte von zwei normalen Jungs, die einfach mal gemacht haben. Lass dich von ihr unterhalten. Lass dich inspirieren. Aber vor allem wünschen wir uns, dass sie dich dazu bringt, auch deine Ideen in die Tat umzusetzen.

Dennis Betzholz und Felix Plötz im Juli 2017

DAVOR: WAS ZUM TEUFEL MACHE ICH HIER EIGENTLICH?

Freitag, später Nachmittag. Ich fahre gerade den PC herunter. Schon wieder Freitag, ich kann es kaum glauben. Freue ich mich darüber? Nein, es erschreckt mich eher. Wieder ist eine Woche vergangen, wieder viel zu schnell. Der Sommer ist fast rum, bald haben wir schon wieder November. Und nicht viel später ist das Jahr vorüber. Na großartig!

Seit ein paar Monaten scheint die Zeit zu rasen – und ich mit ihr. Nur voran komme ich dabei nicht. Irgendwie besteht mein Leben nur noch aus Älterwerden, und nicht mehr aus Leben. Es besteht nur noch aus Büro, kaputt nach Hause kommen, ab und zu den Kontostand checken. Ich rase und stagniere gleichzeitig. Großartig, wirklich!

Was zum Teufel mache ich hier eigentlich, schießt mir in letzter Zeit immer häufiger durch den Kopf. Es ist ein eigenartiger, beißender, schmerzender Gedanke – ein Gedanke, der sich eingenistet hat, irgendwo in den Windungen meines Gehirns, tief in meinem Hinterkopf, da sitzt er. Eigentlich ist er schon ziemlich lange da, ein alter Bekannter. Anfangs habe ich mich gesträubt, ihn zuzulassen. Ich habe ihn weggeschoben, verdrängt, den fiesen Gedanken in die Schranken verwiesen. Aber er ist hartnäckig: Er will raus, mit aller Kraft.

Ich bin Ende zwanzig und erfolgreich unterwegs in einem großen Konzern. Leistungsverweigerer? Das ist wohl das Letzte, was man mir – und ich mir selbst – vorwerfen könnte. Schon

bald steht die erste große Beförderung an. Endlich Personalver-
antwortung, endlich dort angekommen, wo ich immer hinwollte. Ich freue mich, irgendwie. Und frage mich, was zum Teufel
ich hier mache.

Ich versuche mich zu erinnern: Das erste Mal, als dieser verbotene Gedanke in meinem Kopf auftauchte, steckte ich mitten
im Studium. Ja, es war kurz vor einer Prüfung – eine, die so unendlich wichtig ist für die Note, aber gleichzeitig so unendlich
irrelevant. Eines von diesen Fächern, bei denen man über das
ganze Semester genau weiß, dass man diesen Quatsch niemals
im Leben brauchen wird. Zu denen man sich trotzdem hin-
schleppt, in die Namensliste einträgt und in das geistige Stand-
by runterfährt. Es ist paradox: Wie kann etwas für das große
Ziel so Wichtiges gleichzeitig eine solche Verschwendung von
Lebenszeit sein? Eigentlich unfassbar, dachte ich manchmal –
und machte weiter.

Ja, dieser Gedanke blitzte schon früher auf. Aber da war er noch
schwach und machtlos, ohne eine echte Chance, mir gefährlich
zu werden. Denn es gab zum Glück noch viele andere Fächer,
die anders waren. Fächer, bei denen ich das Gefühl hatte, wirklich etwas mitzunehmen – nicht nur für die Note am Ende des
Semesters, sondern für das spätere Leben. Fächer, die ich mir
selbst aussuchen konnte und die weit weg von dem roten Faden, der meinen Lebenslauf durchziehen musste, liegen durften. Die – Achtung! – sogar Spaß machen durften, ohne dabei
irgendeinen »Zweck« zu erfüllen.

Gott, ich bin wirklich froh, dass ich nicht jünger bin. Dass ich
nicht eines von diesen Kids bin, die schon in der Kita ihre ersten Englischvokabeln pauken müssen, um dann in der Grundschule ihren Akzent wegzutrainieren. Dass ich kein Turbo-Abitur machen musste, um dann den Turbo-Bachelor anzuhängen,
um dann, natürlich ohne unnötigen Zeitverlust, mit einund-

zwanzig endlich den Karriereturbo zu zünden. Was bin ich froh, dass ich neben der Schule noch Sachen machen konnte, die keinen »Zweck« erfüllen mussten: dass ich mir zum Beispiel eine Sportart aussuchen durfte, auf die ich einfach Lust hatte, und keine, die den größten Erwerb sozialer Kompetenzen in Aussicht stellte.

Das waren noch die guten alten Zeiten: Als man etwas Vernünftiges gemacht hat, sein Ziel vor Augen hatte und trotzdem noch etwas anderes nebenher machen konnte. Etwas, das einen wirklich interessiert, für das man Begeisterung aufbringt, das Spaß macht – und das einen trotzdem nach vorne bringt und wachsen lässt. Für das echte Leben, und nicht für das auf dem Papier.

Wieso ist mein Leben so eindimensional geworden? So eintönig, so verdammt zielgerichtet und langweilig? Wieso bin ich so fixiert auf Noten, Zertifikate, Statussymbole? Früher »eins Komma X«, heute »X als Fixgehalt und Y variabel mit der Zielerfüllung«. Nichts hat sich geändert!

Was zum Teufel mache ich hier eigentlich? Das ist übrigens nicht der einzige Gedanke, der sich in letzter Zeit mit verstärkter Vehemenz aus meinem Hinterkopf in mein Bewusstsein frisst. Er hat Freunde mitgebracht. Sie heißen »Soll das hier echt alles sein?« und »Geht das jetzt für immer so weiter?« Zusammen sind sie mächtig, und sie werden jeden Tag mächtiger.

Es kann nicht so weitergehen wie bisher. Es muss sich etwas ändern. Dringend.

Ich habe nicht vor zu kündigen, ich bin ja nicht wahnsinnig. Aber es muss doch möglich sein, neben der Arbeit etwas zu starten. Etwas, für das ich richtig brenne, das mich begeistert, auf das ich richtig Bock habe. Es muss nichts sein, was megagroß wird, nichts, was mich schnell reich und berühmt macht.

Es würde schon genügen, wenn es mein Leben reicher machte. Weniger eindimensional, weniger zielgerichtet. Weniger traurige Konjunktive à la »ich hätte doch so gerne«, »ich wäre vielleicht sogar« und »einmal, da wäre es wirklich beinahe mal außergewöhnlich geworden«.

Ich weiß nicht, wo du gerade bist. Keine Ahnung, ob du meine Gedanken nachvollziehen kannst, weil du die Situation selbst allzu genau kennst. Weil dein Leben zwar gut ist, aber irgendwie an dir vorüberzieht. Möglicherweise liegst du jetzt gerade am Strand, in deinem All-inclusive-Urlaub, und genießt bei einem Cocktail die Früchte deiner Arbeit – endlich mal Zeit, ein Buch zu lesen. Schön. Vielleicht hast du auch gerade erst dein Turbo-Abitur hinter dir, planst gerade dein erstes Praktikum oder deinen Rucksacktrip nach Neuseeland. Dann läge das ganze Szenario noch in weiter Ferne für dich. Du hättest Glück, und gleichzeitig tätest du mir leid –, denn mit einer ziemlich großen Wahrscheinlichkeit wird er auch dich irgendwann packen, dieser Gedanke: Verdammt, was mache ich hier eigentlich?

Aber ganz ehrlich: Ich weiß es nicht, woher auch? Das alles weißt du selbst am besten. Ich habe auch keine Ahnung, was dein eigenes Ding sein könnte. Was die Sache ist, die du gerne starten würdest, ohne gleich deinen Job oder dein Studium hinzuschmeißen. Was es ist, wofür du brennst, oder wofür du brennen könntest, wenn du es endlich mal probiertest.

Dieses Buch ist kein Ratgeber. Es wird dir nicht sagen, was du zu tun hast und was nicht. Wenn du es unbedingt in eine Kategorie pressen möchtest, dann nenn es meinetwegen Impulsgeber. Ja, das ist genau, was dieses Buch will. Es will dir Möglichkeiten zeigen, Anregungen geben, ein paar Fragen stellen. Es will dir Lust und Mut machen, dein eigenes Ding zu starten. Es soll dir zeigen, dass es möglich ist, einfach nebenher loszulegen, und dass es viele andere gibt, die genau diesen Weg gegangen sind – viel mehr Leute, als du bisher vielleicht gedacht hast.

Es sind ganz normale Typen wie du und ich, die irgendwann etwas angefangen haben – ohne festes Ziel, ohne großen Plan. Einfach nur, weil sie Lust drauf hatten und weil sie sich gedacht haben: »Hey, wenn nicht jetzt, wann bitteschön dann? Wenn ich Kinder habe und den Kredit für unser Haus abstottern muss?« Sorry, aber dann ist es erst mal zu spät.

Das Zeitfenster, um etwas Cooles nebenbei zu starten, steht dir sicher lange offen – aber bestimmt nicht ewig! Wenn du ganz viel Glück hast, öffnet es sich irgendwann, sehr viel später, noch mal für dich. Wenn dein Häuschen abbezahlt ist und Lena Marie und Benedikt aus dem Haus sind. Dann hast du vielleicht das Glück, noch gesund zu sein und genug Energie zu haben, um etwas Neues anzufangen – etwas, das dein Leben reicher macht, das Bedeutung für dich hat. Es wäre wirklich schön, wenn es später noch mal für dich möglich ist. Vielleicht ist es dann aber auch einfach nur zu spät.

Nein, ich habe wirklich keine Ahnung, was dein eigenes Ding sein könnte. Aber ich könnte mir vorstellen, dass es da etwas gibt, das dir vielleicht seit Langem schon im Kopf herumspukt. Etwas, von dem du vielleicht sogar schon eine ziemlich konkrete Vorstellung hast. Etwas, das du gerne mal machen würdest, »wenn du bloß genug Zeit hättest« oder »dir um Geld keine Sorgen machen müsstest«. Was wäre, wenn du deine Augen schließen und dir genau das vorstellen würdest?

Vielleicht siehst du dich dann selbst, in Full-HD mit unglaublicher Schärfe und satten Farben, wie du etwas tust, was du schon immer wolltest. Vielleicht siehst du dich an einem Strand, fühlst den warmen Sand zwischen deinen Zehen und den leichten Wind auf deiner Haut. Hörst das Geräusch der Wellen, wie sie

vor dir an den Strand branden. Vielleicht kannst du dir den süßen Geschmack von frischem Mangosaft vorstellen, den du dort
trinkst. Vor dir der Laptop und darauf dein erster Roman, den du
Monate zuvor schon an einen Verlag verkauft hast. Seite 278, er
ist fast fertig. Es kribbelt. Und du bist verdammt glücklich.

Vielleicht siehst du dich ganz woanders? Sitzt an einem massiven Schreibtisch in einem großen, lichtdurchfluteten Raum.
Du kannst das Holz deines Schreibtischs fühlen, wenn du mit
deinen Fingern darüber streichst. Du riechst das Leder deines
dunklen Bürostuhls und siehst dein Büro in all seinen Details
vor dir. Es ist dein eigenes Büro in deiner eigenen Firma. Vielleicht kannst du sogar die Fassade sehen, den Mix aus Glas,
Stahl und dunklem Schiefer? Wirklich edel und kein bisschen
protzig. Echt beeindruckend.

Es gibt jetzt eigentlich nur zwei Möglichkeiten. Entweder bist
du gerade abgetaucht in deiner Vorstellung, wie es sein könnte, oder du denkst im Moment einfach nur: »Was für ein Spinner!« Ganz ehrlich? Es ist nicht lange her, dass ich definitiv
»Spinner« an dieser Stelle gedacht hätte. Ich hatte keine genaue Vorstellung, keinen konkreten Traum. Ich fand das Wort
»Traum« alleine schon unfassbar kitschig und klebrig. Ich hatte Pläne für meine Zukunft, keinen Traum.

Doch da war noch etwas anderes, unbewusst und tief in meinem Hinterkopf. Es war schon Jahre her, dass ich an der Uni eine Vorlesung über Entrepreneurship, also über Unternehmertum, gehört hatte. Es war eine dieser Vorlesungen, die nicht nur
fürs Papier waren, sondern aus denen ich etwas mitnehmen
konnte. Unser Prof war charismatisch und ausgesprochen gut
darin, Geschichten zu erzählen. Keine Märchen, obwohl man es
ab und zu hätte denken können, sondern reale Geschichten von
Unternehmensgründern, die etwa so alt waren wie ich und die
verrücktesten Dinge erlebten. Es ging dabei nicht nur um die

Theorie von Businessplänen, Kennzahlen und Finanzierungs-
möglichkeiten, es ging vor allem um Menschen und ihren Weg:
Wer sie waren, woher sie kamen, und was sie motivierte, die
ausgetretenen Pfade zu verlassen, um etwas zu wagen. Es ging
dabei auch um Zweifel auf diesem Weg und um die Fehler, die
sie machten – und es waren wirkliche Kracher dabei.

Eine Geschichte, die mich besonders beeindruckt hat, handelte
vom Bruder meines Profs: Nachdem beide Brüder in derselben
Stadt Volkswirtschaftslehre studiert hatten, machten sie Karriere, ganz klassisch, jedoch auf unterschiedlichen Wegen. Der eine wurde Professor, der andere wurde Risiko-Controller in einer
großen deutschen Bank. Nach fünf Jahren dort wurde es Zeit für
ihn, etwas Neues zu machen. Er ging in die USA, um in Stanford
seinen MBA zu machen. Die hunderttausend Dollar für dieses
Managementstudium waren sehr gut investiert, er würde es jeder Zeit wieder so machen, sollte er später in einem Interview
einmal sagen. Das klang vernünftig, und das war es auch.

Nach seinem MBA blieb er im Silicon Valley, denn er hatte ein
Angebot bekommen, das perfekt in seine Karriereplanung passte: Investmentbanker bei Goldman Sachs im brandneuen Office
in Menlo Park, nur einen Steinwurf von der Stanford Universi-
ty entfernt. Nur ein paar Jahre später wurde er bereits Vice-Pre-
sident, in einer noch größeren Investmentgesellschaft! So weit,
so (unglaublich) gut – hätte es damals in Stanford nicht dieses
Jobangebot gegeben, von dem uns unser Professor erzählte: Gesucht wurde jemand, der über Berufserfahrung im Controlling
verfügte. Es sollte jemand sein, der extrem gut in seinem Fach
war.

Der Haken: Sie konnten ihn nicht angemessen bezahlen, schon
gar nicht so gut wie Goldman Sachs, mit Einstiegsprämie und
allem, was dazu gehörte. Das kleine Start-up, welches das Stel-
lenangebot veröffentlicht hatte, hatte zwar eine ganz spannende

Idee, aber viel Geld besaß es nicht. Anteile an dem »Unternehmen« waren das Einzige, was es bieten konnten – eine Währung von fragwürdigem Wert und im Vergleich zu vielen harten Dollars sicher nicht besonders attraktiv. Er entschied sich dagegen. Die Zehn-Mann-Klitsche musste weitersuchen und fand schließlich tatsächlich jemanden, der sich auf das Abenteuer einließ und die Anteile nahm. Die Firma wuchs, und heute kennt sie jeder. True Story. Es war Google.

Die Geschichten meines Profs handelten von verrückten Ideen, von Abenteuern und von Fehlern – und eben auch von verpassten Chancen, die es einfach kein zweites Mal im Leben gibt. Es war eine Vorlesung, aus der man abseits von Noten und Zertifikaten wirklich etwas mitnehmen konnte für das echte Leben. Es ging dabei um Geschäftsideen, alleine das war extrem spannend. Aber es ging eben auch um mehr: welche Denkansätze nützlich sind, welche Hürden fast allen bevorstanden und was man aus ihren Fehlern lernen kann. Vieles war einleuchtend, und der Zauber lag nicht darin, dass man die Denkansätze zum ersten Mal gehört hätte. Es ging vielmehr um eine besondere, sehr persönliche Sicht auf die Dinge. Die Geschichten, die er erzählte, machten die allgemeinen Denkanstöße einzigartig und anfassbar. Sie bekamen einen praktischen Nutzen für uns.

Verrückte Ideen, Abenteuer, Fehler. Hatte der Bruder meines Profs wirklich einen Fehler begangen? Und hätte ich damals nicht vielleicht genauso gehandelt? Hätte ich tatsächlich bei Google unterschrieben und nicht bei Goldman Sachs? Hätte ich wirklich die hervorragenden Karriereaussichten und die exorbitante Bezahlung liegen gelassen und wäre bei einer unbekannten Zehn-Mann-Klitsche eingestiegen?

Was hättest du gemacht? Wenn jetzt statt dieses Buchs die beiden Arbeitsverträge vor dir auf dem Tisch lägen: Wo würdest du unterschreiben? Würdest du dich auf das vage Abenteuer mit absolut unsicheren Aussichten einlassen, von dem du nach zwei oder drei Jahren vielleicht nicht mehr mitgenommen hättest als einen großen Haufen unbezahlbarer Erfahrungen? Oder würdest du den nächsten, logischen Karriereschritt machen? Mit interessanten Aufgaben, einer tollen Bezahlung, dem Sex-Appeal, den diese Branche damals hatte? Sei ehrlich zu dir: Was hättest du getan?

Wenn ich ganz ehrlich bin, weiß ich, wie ich mich entschieden hätte: Ich hätte den vermeintlich sichereren, besseren Job bei einem angesagten Weltkonzern angenommen. Ich hätte genauso die Chance meines Lebens verpasst wie der Bruder meines Profs. Das damals brandneue Goldman-Sachs-Office in Menlo Park gibt es übrigens nicht mehr, es wurde längst wieder geschlossen. Aber das nur am Rande.

All das hat mir zu denken gegeben. Verpasste Chancen. Ein MBA, zwei Jahre lang und hunderttausend Dollar teuer. Raus aus dem Tagesjob und Neues lernen. Weiter wachsen, neue Perspektiven bekommen. Die Chance, beim nächsten Google dabei zu sein. Vermeintliches Risiko, klassische Karriereplanung. Ich hatte mich ja bereits entschieden, hatte das Risiko, das ein Start-up oder ein eigenes Unternehmen mit sich brachte, erfolgreich vermieden. Ich hatte mich für den sicheren, besseren Job entschieden. Für die glänzenden Karriereaussichten mit tollem Gehalt und gegen das Abenteuer, gegen unsichere Aussichten und gegen einen Haufen unbezahlter, vielleicht auch unbezahlbarer Erfahrungen.

Mit dem Monitor jeden Tag zehn Stunden lang vor meiner Nase und dem faden Geschmack im Mund, gerade auf Erfolgskurs zu sein, fragte ich mich ernsthaft, ob das die richtige Entscheidung war. Und trotzdem: Auch heute würde ich mich gegen die Zehn-Mann-Klitsche entscheiden, wenn beide Verträge vor mir lägen. Verdammt, was ist eigentlich los mit mir? Gibt es keine

Möglichkeit, die warme Behaglichkeit meiner liebevoll eingerichteten Komfortzone zu verlassen, ohne ein amerikanischer Draufgänger zu sein, der über jedes Risiko einfach hinwegsieht und sich gar keinen Kopf über irgendwelche Bedenken macht? Es gibt im Englischen nicht viele deutsche Begriffe, »German Angst« ist einer von ihnen. Er bedeutet sinngemäß »typisch deutsche Zögerlichkeit«. Der Begriff ist ein Klassiker, und ich verstehe mittlerweile nur zu gut, warum. Ich bin genauso! Ich kenne die Angst vor dem ersten Schritt. Sie kann verdammt groß sein.

Dieses Buch ist das, was es ist, genau aus diesem Grund. Weil ich so bin. Weil ich mich nicht ohne nachzudenken in das Risiko stürze, weil ich nicht einfach kündige, alle Sicherheiten aufgebe, nur um vielleicht beim nächsten Google oder Facebook dabei zu sein. Ich würde auch nicht kündigen, um endlich Musiker, Künstler oder Autor zu werden. Diese Träume mögen noch so groß sein und mein Leben wahrscheinlich unglaublich spannend und einzigartig machen – ich würde dafür dennoch nicht alles aufgeben. Und ich würde für meine Träume keine riesigen Summen ausgeben und keine Kredite aufnehmen. Vielleicht ist das bescheuert, und manche Amerikaner würden über so viel »German Angst« lachen. Aber ich bin nun mal so.

Und trotzdem sind sie da! Meine drei Freunde »Was zum Teufel mache ich hier?«, »Soll das alles sein?« und »Geht das jetzt für immer so weiter?« begleiten mich, ob es mir gefällt oder nicht. Aber es ist wirklich an der Zeit, mit ihnen umzugehen! Zeit, etwas in meinem Leben zu ändern. Zeit, die traurigen Konjunktive zu begraben. Genug »hätte«, »wenn« und »könnte«. Es ist Zeit, die Geschichten zu schreiben, die ich später meinen Kindern erzählen möchte. Zeit, aus Träumen etwas Reales zu machen. Ich weiß nicht, welche Erfahrungen ich machen werde, welche Abenteuer ich erleben werde. Ausgetretene Pfade zu verlassen, bringt nun mal unsichere Aussichten mit sich. Das ist mir bewusst, aber letztlich ist es genau das, worum es dabei geht.

Es gibt im Leben keine hundertprozentige Sicherheit, so ist es nun mal. Aber das Fenster wird sich schließen, in dem all das nebenher noch möglich ist. Das ist sicher, hundertprozentig. Und wenn ich nun einfach anfange, mein eigenes Ding mache, ohne großes Startkapital und ohne gleich zu kündigen: Was soll mir denn im schlimmsten Fall schon passieren? Nicht viel. Wir sind in vielerlei Hinsicht privilegiert, ließen doch die Lebensumstände an anderen Orten oder zu anderen Zeiten viel weniger Spielraum – und deshalb sollten wir für diese Privilegien nicht nur dankbar sein, sondern sie nutzen, um etwas Sinnvolles daraus zu machen. Die Welt könnte so viel bunter sein, wenn wir die Behaglichkeit unserer Komfortzone nur ein paar Schritte verließen und die Dinge angingen, die uns wirklich wichtig sind.

Bevor du dich gleich auf die zwölf Geschichten stürzt, möchte ich noch einige Gedanken mit dir teilen. Es gibt eine Reihe wirklich nützlicher Denkansätze, von denen dir vielleicht manche schon bekannt sind. Lass dich auf sie ein, und bewerte sie nach dem praktischen Nutzen, den sie dir bringen – nicht danach, wie neu sie sind. Es geht darum, dass sie dich berühren, du dich auf sie einlässt und entsprechend handelst. Die alles entscheidende Hürde liegt zwischen Denken und Handeln, nirgendwo anders.

Der Denkanstoß, der mein Leben am meisten verändert hat, ist auf den ersten Blick absolut trivial: dem Zufall eine Chance geben. Ich bin eigentlich sogar ausgesprochen gut darin, Zufälle zu vermeiden, alles zu planen und möglichst alles perfekt zu machen. Wenn ich mich nicht irgendwann darauf eingelassen hätte, dem Zufall eine Chance in meinem Leben einzuräumen – du kannst Zufall gerne durch Karma, Schicksal oder Gott ersetzen –, dann wäre ich ganz woanders, und dann gäbe es dieses Buch auch nicht! Die Idee dazu hätte wohl immer noch nicht meinen Kopf verlassen, wo sie schon so lange sinnlos vor sich hin schlummerte. Nie hätte ich den wichtigsten Schritt gemacht – vom Denken zum Handeln.

Nie hätte ich meinen Mitautor Dennis getroffen, der mittlerweile einer meiner besten Freunde geworden ist. Erst mit ihm zusammen wurde es möglich, den ersten Schritt zu machen und den Weg, trotz aller Zweifel, Bedenken und Rückschläge, bis zum Ende weiterzugehen.

Durch ihn wurde aus einer grob skizzierten Idee eine ganz konkrete Vorstellung, wie dieses Buch aussehen sollte und was seine Botschaft wirklich ist. Ohne unsere zufällige Begegnung wäre dieses Buch kein anderes geworden – es würde schlichtweg nicht existieren, zumindest nicht außerhalb meines Kopfes. Und selbst dann wäre es nicht das, was es geworden ist: unser Buch mit unserer Botschaft.

Wenn du ohne großes Risiko dein eigenes Projekt nebenher startest, wird es dir ähnlich wie uns gehen, als wir dem Zufall Raum gegeben haben: Du wirst einen Haufen unbezahlbarer Erfahrungen machen, Neues lernen, dich entwickeln. Unser Traum war es, ein Buch zu schreiben. Welch spannende Episoden wir auf dem Weg dahin erleben würden, war am Anfang überhaupt nicht absehbar. Auch wenn dein Traum ein anderer ist, wollen wir dir von unserem Weg im Laufe des Buchs erzählen. Jede Geschichte ist anders, aber manche Erfahrungen lassen sich gut auf andere Situationen übertragen. Und vielleicht inspiriert dich ja eine unserer Geschichten zu deinem eigenen Traum.

Du hast das Glück, die Wege der Protagonisten in diesem Buch von hinten aus zu betrachten. Es ist ein Glück, weil nur aus dieser Perspektive die Stationen eines Lebens ihren Sinn zeigen. Aus dieser Perspektive sind die Zweifel verflogen, und auch – vermeintliche oder echte – Fehler leisten einen Beitrag für das große Ganze. Wenn du deinen Weg gehst, denke daran: Am Ende wird es Sinn ergeben, auch wenn es dir währenddessen nicht so erscheinen mag. Welchen Weg bist du bisher gegangen? Gibt es einen roten Faden in deinem Leben, der auf deine persönliche Herzensangelegenheit zeigt, ohne dass du es bisher bemerkt hast? Ich glaube, es lohnt sich, darüber nachzudenken.

Die Zeiten haben sich geändert, sie sind so günstig wie noch nie. Wir sind bereits die ersten Schritte aus der Rolle des »dummen Konsumenten« herausgetreten! Wir sind unabhängiger und aktiver geworden, wollen gestalten. Wir stellen eigene Produkte her oder verbessern bestehende. Viele sind damit heute schon Prosumenten anstatt Konsumenten. Warum nicht auch des eigenen Lebens?

Ich glaube, die Idee des Nebenhermachens hat eine realistische Chance, die Lücke zwischen der großen Masse der Angestellten und der kleinen Handvoll, die sich Unternehmer oder Gründer, Künstler oder Kreative nennen, zu schließen. Wir müssen von der Vorstellung wegkommen, dass Kreativität etwas ist, das eigentlich nur die anderen so richtig haben, dass man als Unternehmer geboren sein muss, um endlich mal was zu unternehmen, und dass man immer viel Geld braucht, um seinen Traum in die Realität umzusetzen. Wenn uns das gelingt, dann steht uns viel Gutes bevor.

Viele der Geschichten in diesem Buch wären vor zehn, fünf oder auch nur drei Jahren so nicht möglich gewesen. Heute musst du niemanden mehr um Erlaubnis fragen, um loszulegen. Du brauchst keinen Dieter Bohlen, der dich zum Star macht. Du brauchst keine Banken mehr, um dir Geld für deine Ideen zu besorgen, keinen Verlag, damit du dich Autor nennen kannst, und kein Plattenlabel, damit Hunderttausende deine Musik hören können. Von dieser Zukunft, die dich finanziell und emotional unabhängiger macht, nicht nur von künftigen Wirtschaftskrisen, neuen Chefs und Umstrukturierungen, trennt dich nicht viel. Du bist privilegiert: Du bist gut ausgebildet und hast alle Chancen der Welt. Dir fehlt nicht viel. Vielleicht sind es nur ein paar Anstöße und das Gefühl, dass da draußen viele andere sind, die deinen Weg schon gegangen sind.

Mach dir Gedanken darüber, was du in deinem Leben tun willst. Lass dir Zeit damit; manches muss einfach auch im Hinterkopf eine Zeit lang reifen. Aber mach den ersten Schritt, fang endlich an! Begrab die traurigen Konjunktive und schreib die Geschichten, die du deinen Kindern später erzählen willst. Wir wollen sie endlich hören.

1

THOMAS KNAPPE BEGINNT DA-
MIT, SAMEN FÜR EXOTISCHE
PFLANZEN BEI EBAY ZU VERKAU-
FEN: HEUTE VERSCHICKT DER
MANN AUS CASTROP-RAUXEL
PALMEN IN DIE GANZE WELT. SEIN
JAHRESUMSATZ BETRÄGT MEHR
ALS EINE MILLION EURO.

EINFACH MAL MACHEN!

Castrop-Rauxel, mitten im Ruhrgebiet, eine alte Bergbaustadt, geerdet, ehrlich, mit etwas mehr als siebzigtausend Einwohnern. Es ist keine Stadt, in der man erwartet, auf Palmen zu stoßen. Es gäbe sie hier auch nicht, wäre es damals anders gekommen: wenn Thomas Knappe tatsächlich Friedhofsgärtner geworden wäre, und nicht Unternehmer. Eine Bezeichnung, die zu ihm so wenig passt wie Palmen zu Castrop-Rauxel. Er nennt sich selbst auch gar nicht so. Thomas nennt sich »Der Palmenmann«. Gemeinsam mit seinen fünfzehn Mitarbeitern verkauft er mediterrane und tropische Pflanzen in die ganze Welt und macht damit mittlerweile über eine Million Euro Umsatz pro Jahr. Der Palmenmann ist damit Deutschlands größter Versandhandel dieser Art. Palmen, Bananen, Zitruspflanzen, tausendjährige Olivenbäume, Kakteen und exotische Früchte sind nur ein kleiner Teil dessen, was seine über fünfzigtausend Kunden inzwischen bei Thomas kaufen können. Dabei hatte es zunächst so klein angefangen, ganz klein, nicht größer als ein paar Samenkörner.

Es ist Februar 2004 und Thomas gerade zweiunddreißig Jahre alt, als er sich bei Ebay anmeldet, um Pflanzensamen über das Internet zu verkaufen. Er nennt sich »kleiner..gaertner«, der Name Palmenmann liegt da noch in weiter Ferne. Tiefschürfende Marketingüberlegungen stecken nicht hinter der Wahl dieses Namens mit den zwei Punkten, denn einen richtigen Plan hat Thomas nicht, einen professionellen Businessplan sowieso nicht – es ist ja auch eher ein Jux als ein Business. Hat er wenigstens Ahnung von exotischen Pflanzen? Fehlanzeige! Vieles von dem, was man als Grundvoraussetzungen erwartet, wenn sich jemand selbstständig macht, bringt Thomas nicht mit. Trotzdem ist er nicht vollkommen unvorbereitet, denn er erfüllt eine unschätzbar wichtige Voraussetzung: Neugierde. Die Lust, etwas Neues zu machen, aufgeschlossen zu beobachten, wohin der Weg einen führen könnte, wie bei einer Fahrt ins Unbekannte. Ohne Meilensteine im Businessplan abzuhaken, ohne eine Schritt-für-Schritt-Anleitung.

Es ist wie eine Abenteuerreise in ein fremdes Land: Alles ist unbekannt, spannend, aber nicht wirklich gefährlich, und es gibt die Gewissheit, ein Rückflugticket in der Tasche zu haben. Was soll also Schlimmes passieren? Es sind seine Neugierde und die Lust, ohne großes Risiko ein paar Euros nebenher zu verdienen, die Thomas dazu bewegen, einfach anzufangen. Dass sich aus diesem Experiment ein Millionengeschäft entwickeln würde, ahnte am Anfang niemand.

Die Geschichte des »kleinen Gärtners« beginnt eigentlich schon viel früher, als noch niemand an das Internet, geschweige denn an Ebay, denkt, und sie beginnt tatsächlich mit einem kleinen Gärtner. Als Kind wohnt Thomas mit seiner Familie in einem Mehrfamilienhaus mit großem Garten in Dortmund. Schon als Grundschüler ist er von Pflanzen angetan, und so verbringt er die meisten seiner Nachmittage in den Mülltonnen des benachbarten Friedhofs. Dort fahndet er nach brauchbarem Material für den heimischen Garten, wo er sein eigenes kleines Beet besitzt. Das, worin die Erwachsenen keinen Wert mehr sehen, ist für Thomas das sprichwörtliche Schlaraffenland. Für einen Jungen seines Alters ist es eine ungewöhnliche Neigung, sich für Zwergmispeln, Primeln und Trichterwinden zu interessieren, aber es fasziniert ihn, wie aus dem Nichts etwas Neues, Blühendes entsteht. Loch buddeln, reinwerfen, was man im Müll gefunden hat, zuschütten, gießen und abwarten: Mehr brauchte es für einen Siebenjährigen nicht, um blühende Landschaften entstehen zu lassen.

Diese Zeit war der Beginn einer langen Leidenschaft, die Thomas während seiner gesamten Jugend begleitet, und es ist schon damals allen klar, dass aus dem kleinen Gärtner später einmal ein richtiger Gärtner würde. »Der Junge könnte einen Besenstiel einpflanzen, und der würde wieder grün werden«, bekundet sein Großvater sein frühes Talent. Als Thomas ein paar Jahre später die Hauptschule abschließt und es an der Zeit ist, diesen Traum endlich real werden zu lassen und eine Ausbildung zum Gärtner zu beginnen, kommt es dennoch anders: Thomas scheitert. Er scheitert an einer Kleinigkeit, die im Vergleich zu einer lebenslangen Faszination geradezu lapidar klingt. Er scheitert an seiner eigenen Schüchternheit.

Sein ganzes Leben lang musste Thomas nie weit weg. Seine Grundschule wie auch später die Hauptschule waren nur ein paar Meter von seinem Zuhause entfernt. Er konnte immer zu Fuß laufen, musste noch nicht einmal mit dem Bus fahren. Als es nun darum geht, die S-Bahn zur Berufsschule nach Dortmund-Hacheney zu nehmen, kneift Thomas und wird lieber doch kein richtiger Gärtner. Er, der kleinste Junge seines Jahrgangs, ist noch nicht ausgewachsen: ein Teenager mit Storchenbeinen und Schuhgröße vierzig. Der Junge, der kleiner ist als alle Mädchen in seiner Klasse, ergibt sich kampflos seiner Schüchternheit und zieht es vor, lieber der kleine Gärtner zu bleiben, anstatt seine Leidenschaft zum Beruf zu machen.

Loch buddeln, Samen rein, zuschütten, gießen – und abwarten. »Das Gras wächst nicht schneller, wenn man daran zieht«, besagt ein afrikanisches Sprichwort, und es scheint etwas Wahres dran zu sein – nicht nur in Afrika, sondern auch mitten im Pott. Damals ist Thomas einfach noch jung und zu klein, in vielerlei Hinsicht. Es hätte keinen Sinn ergeben, am Gras zu ziehen, um es wachsen zu lassen. Die folgenden Jahre sind für Thomas lehrreich. Er lässt sich von seinem Vater dazu überreden, eine Maurerlehre zu beginnen. »Warum auch nicht, die Bezahlung ist immerhin besser als die der Gärtnerlehrlinge«, sagt er sich, und willigt ein. Nach Abschluss seiner

Lehre arbeitet er einige Jahre weiter in der Baubranche, bis er sich eines Tages mit seinem Chef überwirft und dieser ihm im Streit sagt: »Wenn du es nicht so machst, wie ich es dir sage, kannst du deinen Krempel nehmen und nach Hause fahren.« Thomas packt seinen Krempel, ruft ein Taxi und fährt von der Baustelle aus nach Hause. Sein Chef fährt ihm sogar hinterher: »Es war ja nicht so gemeint.« Aber die Entscheidung ist für Thomas gefallen, er kündigt noch am selben Tag.

Aber man kündigt doch nicht gleich, nur weil der Chef mal grantig ist?! Das stimmt, doch Thomas kündigt nicht deswegen. Er hatte schon lange gemerkt, dass der Beruf des Maurers einfach nicht sein Ding war. Es hatte damals nichts Vernünftiges dagegen gesprochen, die Lehre zu beginnen, und er hatte auch die Jahre über ganz gut verdient, aber es war nicht das Richtige. Das weiß Thomas ganz genau, aber er weiß überhaupt nicht, was das Richtige jetzt sein könnte. Ganz schön mutig für den kleinen Gärtner, so tapfer auf sein Herz zu hören und die Brocken hinzuschmeißen.

Es folgt eine Umschulung zum Immobilienkaufmann, anschließend macht er sich mit einem Partner selbstständig. Sie suchen sich renovierungsbedürftige Immobilien, kaufen sie, lassen sie sanieren und über eine Duisburger Agentur verkaufen. Dafür nehmen die beiden nach und nach Kredite in Höhe von mehr als vier Millionen Mark auf. Das Vorhaben funktioniert: Die Wohnungen sind nach der Sanierung nicht wiederzuerkennen, und die Verkaufsagentur macht einen guten Job, sodass sich alle Immobilien mit Gewinn verkaufen lassen.

Thomas steigt irgendwann aus – es ist wieder sein Bauchgefühl, das sich meldet. Es ist wieder das Gefühl, im falschen Film zu sein, dass das Rad, das die beiden drehen, eine Nummer zu groß für ihn ist. Thomas steigt mit einem kleinen, aber komfortablen Finanzpolster aus und steckt sein gesamtes Geld in die Renovierung seines Elternhauses, das er nach dem frühen Tod seines Vaters übernommen hatte. Die blaue Trichterwinde, die Thomas als Kind aus dem Müll geholt hatte, hat sich mittlerweile prächtig entwickelt und ist überall im Garten zu finden.

Thomas hat in seinen ersten Berufsjahren viel gelernt. Er weiß mittlerweile, was er will und was nicht. Er hat sich handwerkliche Fähigkeiten angeeignet. Er hat gelernt, auf seinen Bauch und sein Herz zu hören, und er hat seine Erfahrungen mit Risiken gemacht, auch mit ziemlich großen, unvernünftigen Risiken. Sein Bauch sagte ihm, aufzuhören und den Gewinn aus den Immobiliengeschäften besser mitzunehmen. Es fühlte sich gut an, das Geld in das Haus zu investieren – ein besseres Gefühl, als sich den ersten Porsche zu kaufen, so wie es fast alle anderen machten, mit denen Thomas zusammenarbeitete. Er behält seinen Kombi, zweiundneunziger Baujahr, und fängt an, in seiner Freizeit sein Elternhaus zu renovieren und sich dort eine Junggesellenwohnung einzurichten. Seine ehemaligen Kollegen wagen sich an größere Immobilienprojekte heran, nehmen noch höhere Kredite auf und gehen ein paar Jahre später pleite.

Der kleine Gärtner hat viel gelernt in dieser Zeit, aber er hat immer noch ein großes Problem: Er weiß, dass er dringend etwas gegen seine Schüchternheit tun muss, denn daran hat sich bisher nicht viel geändert, dem ganzen Mut und seiner bisherigen persönlichen Entwicklung zum Trotz. Was könnte man gegen Schüchternheit unternehmen? Man könnte mehr unter Leute gehen, mehr Menschen kennenlernen, das eigene Selbstvertrauen langsam aufbauen, vielleicht sogar ein paar Stunden zu einem Therapeuten gehen. Was aber macht Thomas? Er bewirbt sich als Barkeeper in der Essener Nobeldisco Mudia Art – als Anfänger, ohne vorher jemals als Barkeeper gearbeitet zu haben. Mutig, ziemlich unvernünftig, aber das

Beste, was eigentlich passieren konnte. Für Thomas ist dieser Job wie eine Therapie – eine Schocktherapie. Aber Thomas schafft es wieder einmal. Er tut das, was eigentlich nicht normal ist, was abseits dessen liegt, was man üblicherweise machen würde. Doch sein Bauchgefühl sagt, dass dieses Unnormale genau das Richtige ist. Ohne diesen ungewöhnlichen Weg wäre Thomas heute nicht der, der er ist: Von seiner ehemals so ausgeprägten Schüchternheit ist nichts mehr zu spüren.

Reden wir kurz über Steve Jobs. Die Erfahrungen, die der Apple-Gründer in seinem bewegten Leben machte, sind vermutlich unzählbar. In einer Rede, die er 2005 vor Absolventen der Stanford Universität hielt, beschränkte er sich auf die drei Wichtigsten. Eine handelte von »connecting the dots«. Jobs wollte den Studenten, die gerade auf dem Weg in das Berufsleben waren, auf den Weg geben, dass sich manche Dinge erst im Nachhinein wirklich verstehen lassen. Er wünschte den Studenten den Mut, bei wichtigen Entscheidungen auf ihr Herz zu hören, im Vertrauen darauf, dass sich alle »dots«, also alle Stationen eines Lebens, irgendwann miteinander verbinden werden.

Dafür braucht es Mut, denn es ist eben nur im Rückblick möglich, statt einzelner Punkte das gesamte Bild zu sehen. Das gelingt nicht mit dem Blick nach vorne, ins Ungewisse. Es geht nicht, wenn die Entscheidungen anstehen, sondern nur, wenn diese bereits Teil der Vergangenheit geworden sind. Mut und Vertrauen in die Richtigkeit der eigenen Entscheidungen sind nötig, um später ein vollständiges Bild sehen zu können, in dem sich die Einzelteile wie Puzzlestücke zu etwas Größerem zusammenfügen – etwas Größerem, das Sinn ergibt und das als Ganzes mehr ausmacht als nur die Summe seiner Einzelteile.

Ein Jahr vor Steve Jobs Rede ist Thomas gerade zweiunddreißig. Es ist der Zeitpunkt, als die einzelnen Punkte seines bisherigen Lebens beginnen, sich zu etwas Größerem zu verbinden. Am 2. Februar 2004 meldet Thomas sich bei Ebay als Verkäufer unter dem Namen »stuck-deluxe« an.

Thomas wurde nach seinem Hauptschulabschluss nicht Gärtner, sondern Maurer, aber er bewahrte sich immer seine Faszination für Pflanzen. Thomas kaufte sich keinen Porsche, sondern steckte sein Geld in die Erneuerung des alten Hauses, in dem er schon seine Kindheit verbracht hatte. Er wollte es zum Blühen bringen und etwas Schönes daraus entstehen lassen. Seit Kindertagen hat er seine Fähigkeit, Wert darin zu erkennen, worüber andere achtlos hinwegsehen, wie einen Muskel trainiert – vielleicht ist das heute seine größte Stärke. Er hat in seinem Leben gesehen, was passieren kann, wenn die Risiken, die man eingeht, zu groß sind. Er hat gelernt, auf seinen Bauch und sein Herz zu hören, wenn Entscheidungen anstehen.

Was Thomas sich mit »stuck-deluxe« überlegt hat, ist nichts anderes als die logische Konsequenz aus all diesen einzelnen Punkten seines bisherigen Lebens. Während seiner Renovierungsarbeiten fällt Thomas eine alte Gipserfibel in die Hände, die ihn sofort fasziniert. Dass man aus ein bisschen Gips wunderschöne Stuckdecken zaubern kann, findet er fantastisch, außerdem sind sie wie gemacht für die hohen Decken in den Altbauwohnungen seines Hauses. Bereits die ersten Versuche mit Stuck sind erfolgreich, kein Wunder, ist er doch gelernter Maurer. Warum sollte er also viel Geld für etwas ausgeben, das er genauso gut selbst machen kann? Ohne große Mühe entstehen die ersten Stuckrosetten und andere Stuckelemente, alle inspiriert von Blumen, Blüten und Ranken. Der Kreis beginnt sich zu schließen. Die Punkte in Thomas' Leben verbinden sich.

»Könnte man damit nicht auch 'ne Mark machen?«, fragt sich Thomas bald. Ein bisschen Geld verdienen und dabei Spaß haben, ohne große Risiken und ohne exorbitanten Zeitaufwand –

wäre das nicht möglich? Die Antwort lautet ja! »Stuck-deluxe« ist genau sein Ding: einfach machen, loslegen und schauen, was passiert! Ohne Businessplan, nur ausgestattet mit einer großen Portion Neugierde und dem Bewusstsein, dass er nichts verlieren kann, wenn er es probiert.

Thomas gibt seinen Job als Barmann im Mudia Art auf und hat an den Wochenenden wieder Zeit für anderes. Die Arbeit, die er in »stuck-deluxe« investiert, beträgt nur einen Tag in der Woche. Das Gießen des Stucks geht schnell, er trocknet von alleine, und sobald die Verkaufsvorlage für Ebay erstellt ist, verkauft sich das Ganze fast von selbst. Einmal in der Woche fährt Thomas mit seinem alten Kombi zur Post und versendet seine Pakete. Und die Sache läuft! Thomas verdient an jedem Samstag mehrere hundert Euro. Es klingt erstaunlich, ist aber eigentlich kein Wunder, sondern sogar verdammt einfach: Eine große Stuckrosette kostet damals im Geschäft etwa hundert Euro, Thomas bietet sie bei Ebay für dreißig Euro an und hat dabei Materialkosten von weniger als einem Euro. Nein, er hat vielleicht keinen Businessplan, aber das ändert nichts daran, dass seine Idee aufgeht.

Nur drei Wochen, nachdem Thomas »stuck-deluxe« angemeldet hat, eröffnet er bei Ebay ein zweites Verkäuferkonto. Als er nämlich entdeckt, dass dort Samen für Palmen verkauft werden, schießt ihm durch den Kopf: »Das kannste doch genauso.« Er nennt das Konto »kleiner..gaertner«, und es ist der nächste Punkt auf dem Weg zum Palmenmann. Schnell ist ein Paket mit tausend Hanfpalmensamen bestellt. Zwei Tage später kommen auch die kleinen Plastikbeutel an, und los geht's. Es ist wie Drogen verkaufen: Je fünf Samen in ein Plastikbeutelchen abfüllen, zudrücken, fertig. Fünf Samen für einen Euro bei Ebay, zweihundert Stück verfügbar. Ja, es ist wirklich wie Drogen verkaufen, denn Thomas hat das Paket mit den tausend Samen für fünfzehn Euro eingekauft. Es wird das erste von vielen Paketen werden, denn Thomas macht einen Gewinn von weit über tausend Prozent mit seinen kleinen Samenbeutelchen. Vielleicht wäre da so mancher Dealer sogar neidisch geworden.

Die Nachfrage ist da, und plötzlich geht alles Schlag auf Schlag. Innerhalb kürzester Zeit hat der kleine Gärtner fünfzig verschiedene Sorten von Samen im Angebot. Sein Geschäft floriert, im wahrsten Sinne des Wortes. Thomas verdient in dieser Zeit mit Stuck und den Samen etwa zwei- bis dreitausend Euro im Monat. Seine alte Leidenschaft für Pflanzen ist zu neuer Frische belebt – und Thomas voll in seinem Element. Mit dem »kleinen Gärtner«, dem kleinen Jungen mit Storchenbeinen in zu großen Schuhen, hat er nur noch den Spitznamen gemeinsam. Allerdings dauert es nicht lange, bis Thomas einen neuen Spitznamen bekommt: Er geht zu dieser Zeit immer noch gerne feiern, besonders in einem Club in Dortmund ist Thomas Stammgast. »Thomas, das ist doch der Typ, der Palmen im Internet verkauft«, spricht sich schnell herum. Ein Türsteher bringt es auf den Punkt: »Du bist der Palmenmann!« Vielleicht ist es anfangs nicht ganz ernst und ohne Häme gemeint, aber der Name hat etwas – er bleibt den Leuten im Gedächtnis. Thomas macht den Gag selbstbewusst mit, lässt sich gerne so nennen und geht sogar einen Schritt weiter. Sein späterer Firmenname ist tatsächlich der Kreativität eines Dortmunder Türstehers zu verdanken. Nicht nur Thomas ist gewachsen, sondern mittlerweile auch sein Sortiment: Neben den Palmensamen verkauft er nun auch Keimlinge und sogar erste große Pflanzen über Ebay.

Wahrscheinlich wäre es betriebswirtschaftlich vernünftiger gewesen, bei dem Verkauf von Samen zu bleiben und dieses Geschäft weiter auszubauen, denn eine solche Gewinnspanne erreicht man wohl kein zweites Mal. Thomas entscheidet sich jedoch anders, wieder einmal. Sein Herz schlägt für echte, exotische Pflanzen, Gewinnspannen hin oder her. Das war einfach spannender, als Plastikbeutelchen abzufüllen und zu verschicken.

Bis heute verkauft Thomas ausschließlich Pflanzen, die er selbst schön findet, die ihn faszinieren. Es ist jedes Mal aufregend für ihn, zu Großhändlern nach Spanien oder Italien zu fahren, durch die riesigen Anlagen zu wandern, Neues zu entdecken, alles anzufassen und zu bestaunen. Thomas genießt diese Ausflüge in sein persönliches Schlaraffenland, auch wenn bereits nach ein paar Tagen Heimweh nach seinem Zuhause in Dortmund aufkommt. Immer nur unterwegs sein, das wäre nichts für ihn.

Seine damalige Freundin, heutige Ehefrau und Mutter seiner beiden kleinen Söhne wird »stuck-deluxe« noch bis Anfang 2007 nebenher weiterführen. Als sie diesen Geschäftszweig aufgeben, macht »kleiner..gaertner« bereits einen Jahresumsatz von einer halben Million Euro – als Ein-Mann-Unternehmen. Im Mai 2007 geht Thomas den nächsten Schritt: die Gründung von Der Palmenmann GmbH. Zwei Jahre später, 2009, kehrt Thomas Ebay den Rücken und löscht das Verkäuferkonto »kleiner..gaertner«. Ebay hat ihm geholfen, groß zu werden, nun ist er nicht mehr darauf angewiesen. Er macht jetzt sein eigenes Ding und wickelt den kompletten Internethandel über seine eigene Seite Palmenmann.de ab.

Seine Pflanzen kann Thomas zu diesem Zeitpunkt schon lange nicht mehr in der eigenen Wohnung lagern. Nachdem anfangs der Dachboden noch ausreichte, musste zwischenzeitlich ein aus Dachlatten und Folie improvisiertes Gewächshaus im Garten her, um mit den wachsenden Verkaufszahlen Schritt zu halten. Doch auch das reichte nicht aus, sodass Thomas bald eine alte Gärtnerei mit sechshundert Quadratmetern anmietete. Und es ging mit unglaublichem Tempo weiter: Der Umzug auf ein größeres Gelände folgte nach nur einem Jahr, etwa zeitgleich mit der Gründung der GmbH. Bis dahin war Thomas nur mit einem Gewerbeschein ausgestattet, mehr brauchte er nicht. Zweitausend Quadratmeter waren nun nötig, und die Anlage hatte dem Anschein nach auch genügend Luft für die Zukunft, mit einer Gesamtfläche von zwölftausend Quadratmetern. Heute platzt sie erneut aus allen Nähten.

Der kleine Gärtner ist auf seinem ungewöhnlichen Weg gewachsen. Er hat sich immer weiterentwickelt, er hat es geschafft. Und obwohl das so ist, entspricht er heute genauso wenig dem Klischee eines typischen Unternehmers, wie er damals dem Klischee des typischen Immobilienmaklers entsprach. Natürlich verdient er mit seinem Geschäft viel Geld, und seinen alten Kombi, Baujahr 92, hat er auch nicht mehr. Er fährt jedoch keine dunkle Limousine, sondern einen amerikanischen Pickup mit Zwillingsbereifung und Sechs-Zylinder-Turbodiesel, 6,7 Liter Hubraum, 355 PS – kein Vernunftauto, sondern ein Männertraum. Thomas könnte auch stundenlang über die Details seines geplanten hundertzwanzig Quadratmeter großen Gartenhauses sprechen, und seine Begeisterung ist dabei deutlich zu spüren: Ein Kamin und eine Sauna sind geplant sowie eine riesige, überdachte Terrasse mit offener Küche, Grillecke und einem Pizzaofen. Thomas sieht den drei Meter langen massiven Holztisch daneben und ein Jacuzzi. So schön wie möglich soll es werden, ganz einfach.

Nein, Thomas ist kein klassischer Unternehmer. Er kann zwar ausgiebig über die Details seiner Projekte und Spielzeuge sprechen und man spürt dabei echte Begeisterung – aber sicher keinen überschwänglichen Stolz. Man käme nie auf den Gedanken, ihm seinen Erfolg zu neiden, denn Thomas wirkt absolut geerdet in seiner Gärtnerei in Castrop-Rauxel. Er weiß, dass er für seinen Erfolg keine besonderen Voraussetzungen brauchte: keinen Uni-Abschluss und kein nennenswertes Startkapital für sein späteres Millionenunternehmen. Vielleicht kann das nicht jeder erreichen, aber viele könnten es.

Was wirklich wichtig war: Thomas hat damals einfach angefangen, geschaut, wie sich alles entwickelt, und weitergemacht. Er hat sich getraut, klein anzufangen, ganz klein. Er hat sich nicht in Planungen verfangen und nicht das Ziel gehabt, den besten Businessplan der Welt zu schreiben. Er wollte keine akademische Übung machen, keine Bestnoten erzielen und keinen Pokal gewinnen. Er wollte schlicht und einfach etwas Reales entstehen sehen: Loch buddeln, reinwerfen, was man gefunden hat, zuschütten, gießen und abwarten – das war es.

Vielleicht hätte es bessere Alternativen gegeben zu dem, was er gemacht hat. Aber Thomas hat sich auch als Erwachsener die Fähigkeit bewahrt, auf den Jungen in sich zu hören, der nicht immer nur vernünftig sein muss, sondern Spaß an einer Sache haben will. Und Thomas besitzt die besondere Fähigkeit, in Dingen, an denen andere achtlos vorbeischauen, einen Wert zu erkennen. Fast egal, was es ist – wenn es ihn interessiert, fängt seine Fantasie an zu blühen.

Trotz aller Erfolge bleiben Rückschläge auch bei ihm nicht aus. 2009 war ein kalter Winter, viel zu kalt für Olivenbäume. Ein Großteil von Thomas' Bestand ist damals erfroren, darunter auch sehr viele Olivenbäume, die bis zu tausend Jahre alt waren und mehrere tausend Euro pro Stück kosteten – ein gigantischer wirtschaftlicher Schaden, entstanden über Nacht. Wie viele hätten in solch einer Situation aufgegeben? Hätten vielleicht gesagt, dass so etwas in den heutigen Zeiten immer wieder passieren kann und dass es vernünftiger wäre, das Geschäft mit tropischen Pflanzen in Castrop-Rauxel lieber bleiben zu lassen. Was hättest du an seiner Stelle gemacht?

Thomas hat nicht aufgegeben. Er hat gegoogelt, was man aus toten Olivenbäumen noch machen könnte. Seitdem ist www.olivenbrennholz.de online. Erstaunlicherweise sind tote Olivenbäume genauso viel wert wie lebende. Wer hätte das gedacht?

Thomas ist kein typischer Unternehmer. Er hat kein holzvertäfeltes Vorzimmer und trägt keine teuren Anzüge. Welcher erfolgsverwöhnte Unternehmer würde dir schon seine E-Mail-Adresse geben? Thomas ist anders: Er ist für dich persönlich unter chef@palmenmann.de zu erreichen.

Samstag, 20. Juli: Castrop-Rauxel

Da ist er also: der Palmenmann. Thomas steht lässig angelehnt an einem seiner großen, gelben Gabelstapler. Jeans, Baseball-Cap, die Arme locker verschränkt vor seinem schlichten, weißen T-Shirt mit V-Ausschnitt. Als die Kamera, die das Interview aufzeichnet, angeht, wirkt Thomas viel entspannter, als wir es sind, bei unserem allerersten Interview für das Buch.

Dieses Buch – über Menschen, die neben ihrem normalen Job coole Nebenprojekte gestartet haben – ist genau das selbst: ein Nebenprojekt. Es entsteht in unserer Freizeit, abends nach der Arbeit und an den Wochenenden. Ob es anstrengend ist, seine Freizeit für so etwas zu opfern? Ist es nicht – aus einem simplen Grund: Wir sehen dieses Projekt nicht als Arbeit, nicht als ein »Ich-muss-Projekt«, sondern vielmehr als ein neues Hobby. Wenn du anfängst, Fußball zu spielen, von da an dreimal in der Woche trainierst und jedes Wochenende auf dem Platz stehst, fragt dich auch niemand, ob das nicht anstrengend sei. So ähnlich ist das auch für uns.

Wir treffen Thomas daher an einem Samstagmorgen. Es ist ein warmer Sommertag in Castrop-Rauxel, und die Palmen um uns herum wirken gar nicht fehl am Platz – es fühlt sich ein wenig an wie im Urlaub. Auch Thomas sieht in seinem weißen T-Shirt und der Baseball-Cap eher nach Urlaub aus, und nicht wie wir uns den Geschäftsführer eines Millionenunternehmens vorgestellt haben. Er führt uns in ein kleines Gewächshaus, das als Lagerraum dient. Es ist voll mit Verpackungsmaterialien, Hunderten von Pappkartons, Plastikfolie und Kisten.

Bevor die Kamera angeht und wir uns auf einen Stapel Europaletten statt auf Stühle setzen, überrascht uns Thomas, lässig am Gabelstapler lehnend, das nächste Mal: Es tue ihm leid, wenn er heute nicht ganz so fit sei, denn er sei gestern spät ins

Bett gekommen. Er sei mit Freunden feiern gewesen, das schaffe er zwar nicht mehr so häufig wie früher, aber es sei ihm immer noch wichtig. Ein Chef und zweifacher Papa, der noch ordentlich feiern kann – wir sind beeindruckt.

Das Gespräch entwickelt sich, beginnt zu fließen und fühlt sich nach kürzester Zeit vollkommen natürlich an – unser erstes Interview hätte mühsamer werden können. Thomas ist offen, spricht mit uns über seine Anfänge als Palmenmann, über seine Fehler und Zweifel, und auch über seine Pläne und Träume. »Es wäre schon schön, wenn das irgendwann mal so groß wird und so läuft, dass ich nur zwei oder drei Monate im Jahr arbeite. Dann würde ich mir ein Boot kaufen und durch die Gegend schippern.« Kein schlechter Plan.

Als wir über seine Jugend sprechen, fällt ein Satz, den wir später im Auto laut wiederholen und uns dabei zunicken, weil wir von Thomas etwas Wichtiges mitgenommen haben. Thomas sagt: »Mein Vater ist mit zweiundfünfzig gestorben, ich bin jetzt zweiundvierzig. Das ist etwas, was ich täglich vor Augen habe: Du musst Gas geben.«

Recht hat er, das Leben wartet nicht. Du musst Gas geben, und trotzdem nicht immer nur vernünftig sein. Es ist die Lektion, die wir mitnehmen – von unserem ersten Mal.

2

MARTIN SMIK STÖßT BEI SEINER ARBEIT MIT BEHINDERTEN AN DIE GRENZEN SEINES JOBS. ER WILL MEHR, IHNEN EINE AUSZEIT VOM ANDERSSEIN ERMÖGLICHEN UND IHNEN DIE WELT ZEIGEN. WÄHREND VIELE REISEBÜROS SCHLIEßEN MÜSSEN, ERÖFFNET ER EIN GANZ BESONDERES.

DIE (ARBEITS-)WELT IST NICHT GENUG!

Achtung! Die folgenden Seiten sind für manche Leser über 50 Jahren nicht geeignet. Die folgende Lebensgeschichte könnte zu Unwohlsein führen und erheblichen Neid auslösen. Sie könnte zu der Erkenntnis führen, dass du etwas Wesentliches im Berufsleben verpasst hast. Der Wunsch nach mehr Freiraum, Freude und Sinn bei der Arbeit, den du seit Jahren oder Jahrzehnten mit dir herumträgst, hätte unter Umständen kein Hirngespinst sein müssen. Vielleicht wirst du feststellen, dass auch in deinem Leben die Tür offenstand: raus aus dem Job, der dich ausbremst, hinein in eine (Arbeits-)Welt, die keine Grenzen kennt und dir die Chance bietet, sie zu verbessern. Klingt kitschig, ist aber so. Fühlst du dich angesprochen? Dann solltest du schnellstmöglich zur nächsten Geschichte weiterblättern.

Es strömt derzeit eine Generation auf den Arbeitsmarkt, die nach Glück, nicht nach Geld strebt, deren Statussymbole nicht mehr nur Firmenwagen und Chefsessel sind, sondern flexible Arbeitszeiten und die Option auf ein Sabbatical. Gut ausgebildete Männer und Frauen, die lieber mehr Zeit mit ihren Kindern verbringen wollen, als für mehr Geld mehr Verantwortung zu übernehmen und bis zwanzig Uhr im Büro zu knechten. Das ist, zugegeben, sehr pauschal formuliert. Nicht alle, die zu dieser Generation gehören, verfolgen die gleichen Ziele, aber es ist ja so: Auch die Generation, die Achtundsechziger genannt wird, war nicht ausnahmslos an den Studentenbewegungen beteiligt.

Die heute Zwanzig- bis Fünfunddreißigjährigen werden Generation Y genannt. Sie wollen und werden die Arbeitswelt verändern – weil ihnen das Gefühl, es müsse doch noch mehr gehen, nur zu gut bekannt ist. Die mit ihrem Jahrgang vielleicht gerade noch am Turbo-Abi vorbeigeschrammt sind, aber dafür die Generation Praktikum mit Leben gefüllt haben. Die nach dem Abi ein Jahr lang mit dem Rucksack durch Australien getrampt sind, weil sie von ihren Eltern eingetrichtert bekommen haben, dass sie bis zur Rente nie wieder so frei sein werden wie mit achtzehn oder neunzehn. Die ebenfalls von früh an gelernt haben, zwanghaft ihren Lebenslauf zu optimieren. Ihre Großeltern nannte man Nachkriegskinder, ihre Eltern Babyboomer, sie selbst sind die Krisenkinder: Eurokrise, Wirtschaftskrise, Krieg gegen den Terror. Und dann die bunte Vielzahl der privaten Krisen: Scheidung, Hartz IV, Altersarmut. Sicher ist in ihrem Leben nur eines: die nächste Krise.

Diese Generation strömt nun auf den Arbeitsmarkt. Eine Generation, die gedrillt darauf ist, Leistung zu erbringen, um ein bisschen mehr Sicherheit zu spüren. Die mit dem Anspruch aufwächst, berufliche E-Mails auch nach der Arbeit noch zu beantworten. Für die es selbstverständlich ist, mindestens zwei Fremdsprachen zu beherrschen, und die sich daran gewöhnt hat, dass sie für den Job ihre Heimat verlässt. An diese erhöhten Anforderungen hat sie sich angepasst wie ein Chamäleon an seine Umgebung. Doch das, was sie sich im Gegenzug wünscht, passt nicht mit dem zusammen, was ihr die Berufswelt heute bietet – und das gilt nicht nur für die Jungen. Eine Studie des Beratungsunternehmens Gallup besagt, dass jeder vierte Beschäftigte in Deutschland innerlich gekündigt habe. Sogar mehr als jeder Zweite mache nur Dienst nach Vorschrift. Ist das nicht erschreckend? Eine Katastrophe für die Unternehmen und jeden einzelnen frustrierten Arbeitnehmer?

Junge Menschen haben zwei Möglichkeiten, um aus diesem Dilemma herauszukommen. Alternative eins: Sie kämpfen für eine neue Arbeitskultur. Sie wollen mehr Freiräume, flexible Arbeitszeiten. Sie wollen häufiger ihre Fähigkeiten einbringen und

Sinn in dem erkennen, was sie wochentags acht Stunden bewerkstelligen. Sie wollen hart arbeiten und gehen dürfen, wenn sie ihre Aufgaben erledigt haben. Dieser Kulturwandel wird viele Jahre dauern, aber er wird irgendwann kommen. Wer noch vor zehn Jahren behauptet hätte, dass viele Väter eine Elternzeit antreten, wäre verspottet worden – und heute ist das beinahe üblich. Das Ass, das die Generation Y im Ärmel hat, heißt: demografischer Wandel. Es gibt immer weniger Berufseinsteiger, die in den Arbeitsmarkt eintreten. Und dieser ist genau das: ein Markt, in dem Angebot und Nachfrage die Machtverhältnisse bestimmen. Die heutige Generation bezahlt zwar einen hohen Preis, indem sie immer weiter ihre Lebensläufe für diesen Markt optimiert, aber für sie gibt es auch erstmals eine große Chance: Sie können von unten Druck machen und die herrschenden Verhältnisse ändern. Diese Chance werden sie nutzen.

Alternative zwei ist für alle, die ihr Leben in die eigenen Hände nehmen und nicht darauf warten wollen, bis sich die Verhältnisse irgendwann ändern. Diese Alternative gibt es natürlich auch für all die, die weit vor 1980 geboren wurden. Martin Smik ist einer von ihnen. Seine Geschichte kann dir als Schablone dienen, die du vielleicht auch auf deine eigene Arbeitswelt zuschneiden kannst. Der Mann, der sich nicht Unternehmer, sondern mit einem Augenzwinkern Spinner nennt, plant heute individuelle Reisen für Behinderte mit Begleitung und erfüllt ihnen damit Lebensträume. Er verschafft ihnen zwar keine Auszeit von der Behinderung, aber vom Alltag – mit neuen Menschen und unzähligen neuen Eindrücken.

Martin gehört einer Generation an, die nur leise von einer anderen Arbeitskultur träumte – und die sich heute, mit vierzig oder fünfzig Jahren, quälend fragt, ob das alles gewesen sein kann. Martin, ein Spätachtundsechziger, kommt aus schwierigen Verhältnissen, ist kein guter Schüler, bleibt sogar zweimal sitzen. In seinen Zwanzigern lebt er in einer Autonomen-WG, demonstriert gegen den Nato-Doppelbeschluss und die Atomenergie. Steine wirft er nie, Motorrad fährt er ständig. Er findet dort den Halt, den er aus seiner Familie nicht kannte. Er studiert Politik und Soziologie, ohne so richtig zu wissen, warum – und bricht nach drei Semestern ab. Martins Problem ist das vieler in seinem Alter: Er weiß ganz genau, was er nicht will, aber nicht, was er konkret mit seiner Zukunft anfangen will.

Er ist schon vierundzwanzig Jahre alt, als er sich sicher ist: Er will mit Behinderten zusammenarbeiten und Pädagogik studieren. Neben dem Studium jobbt Martin bei einem Verein für Behinderte, der in den Ferien Ausflüge und Kurzreisen anbietet – dies ist der entscheidende Impuls für seine Zukunftsplanung. Geld bekommt er dafür zwar nicht, stattdessen aber etwas, das ihn noch glücklicher macht: kostenlosen Urlaub, einen Hauch von Freiheit, tolle Erinnerungen. Satt wird er davon nicht, also malocht Martin in der übrigen Zeit, die ihm sein Studium lässt: als Gärtner, als Schreiner, als Glaser, manchmal für nur fünf Mark pro Stunde. Martin ist ein Tausendsassa, ein Überlebenskünstler, der Prototyp eines Nebenhermachers. Er stellt massive Futonbetten her und verkauft davon fast vierzig pro Jahr. Er mäht und pflegt den Rasen der wohlhabenden Bürger seiner Heimatstadt Marburg. Und als er hört, dass ein Bekannter Kirchenfenster restauriert, fährt er mit auf Montage. All das hat er nicht gelernt – er macht es einfach.

Sein Herz aber pocht nur für die Arbeit mit den Behinderten. Nach acht Semestern beendet er sein Studium, erfolgreich. Er hat es durchgezogen, obwohl ihm die Sprache, die sie verwendeten, fremd war. Wenn er »der Behinderte« sagte, fragte sein Professor: »Meinst du auch die Behinderte?« Jedes Haar wurde gespalten, wieder und wieder. Aber diesmal hielt er durch, ein Pädagoge aus Überzeugung ist er nicht. Martin ist ein Rebell, ein Querdenker. Sein erster Chef würde vermutlich sagen: ein Querulant. Er beginnt bei der sozialpädagogischen Familienhilfe, ein Traumjob zum Einstieg, eigentlich. Er betreut drei Problemfamilien und ist für sie die letzte Hoffnung, dass ihr Kind doch noch bei ihnen bleiben darf. Martin glaubt, er könne sich mit ihnen identifizieren – er, der selbst keine einfache Kindheit verlebte. Er will etwas bewegen, etwas verändern, ein guter Mensch sein und die Welt besser machen. Aber der Achtundzwanzigjährige ist überfordert: Die Mutter, die er betreut, ist älter als er, hat drei Kinder und vernachlässigt jedes einzelne. Sie raucht eine Schachtel pro Tag, geht nachts in die Disco und lässt zu, dass es in ihrer Wohnung aussieht, als sei eine Bombe eingeschlagen. Martin betreut drei Familien, ist dabei ein Einzelkämpfer – und unzufrieden in seinem Job. Er lässt sich in den Betriebsrat wählen, weil er glaubt, so etwas an seiner Unzufriedenheit ändern zu können. Doch dies ist nicht nur der falsche Ort, um etwas zu ändern, er merkt auch, dass er nicht der Typ dafür ist: Er muss streiten, um etwas zu bewegen, und spürt, dass er viel lieber Harmonie mag. Er plädiert für bessere Arbeitsbedingungen, obwohl er und die anderen ihren Tag frei einteilen können. Es ist ein sinnloser Kampf, den der Falsche führt. Nach achtzehn Monaten kündigt Martin.

Wenn Martin heute auf diese Entscheidung zurückblickt, sagt er, er habe mit der Kündigung seinen Rucksack abgesetzt. Der Rucksack ist eine Metapher, die er damals noch gar nicht kennt und erst viel später von Gerda lernt. Gerda ist Mitte sechzig, eine in sich ruhende Frau. Das Leben, sagt Gerda, sei wie ein Rucksack, einer, in den man in all den Jahren ständig etwas hineinlegt – Eindrücke, gute und schlechte Erfahrungen, Fähigkeiten und noch so vieles mehr. Der Mensch aber vergesse viel zu häufig, dass man diesen auch absetzen und hinter sich lassen könne.

Sie erzählt ihm, dass sie Altenpflegerin gewesen sei, später sogar Oberschwester. Sie sei ein fürchterlicher Mensch gewesen, ein Stationsdrache. Ihr Rucksack wog schwer, doch sie setzte ihn nicht ab. Erst als Rentnerin traute sie sich, etwas ganz anderes zu machen: ihr Glück zu suchen, statt sich über das Gegebene zu beschweren, und sie entschloss sich, einen Lach-Yoga-Kurs zu gründen. Viele in ihrem Alter hätten damals über diese verrückte Idee gelacht. Woher sie das denn könne, und wie sie damit Geld verdienen wolle? Dass es ihr darum gar nicht ging, haben viele nicht verstanden, zu festgefahren waren sie mit ihrem eigenen Leben. Vielleicht ist es auch der Neid auf den folgenden Satz, der sie so reagieren lässt. Martin hört ihn mehrfach von ihr, und er hat keinen Zweifel daran, dass sie ihn genauso meint, wie sie ihn sagt: Heute, sagt Gerda, sei sie zum ersten Mal in ihrem Leben wirklich glücklich.

Martin hat seinen Rucksack mit der Kündigung abgesetzt und sein festes Einkommen gegen das innere Glück eingetauscht. Doch dieses Glück schmeckt anfangs fad, wieder muss er malochen: als Gärtner, Schreiner oder Glaser. Wieder nimmt er in Kauf, mit dem Nötigsten auszukommen. Nach neun strapaziösen Monaten hat die Arbeitssuche ein Ende, und sie endet ausgerechnet da, wo er schon seit Jahren nebenher arbeitet: bei dem Marburger Verein für Behinderte, der Freizeiten anbietet. Anfangs ist sein Vertrag befristet und auf zwanzig Wochenstunden beschränkt, mit jedem Jahr aber erhält Martin mehr Verantwortung. Es ist sein kuscheliges Nest, und er fühlt sich wohl mit seiner Arbeit. Doch eines behagt ihm nicht: Andauernd denken die Verantwortlichen in Zahlen, müssen so denken, weil die Gruppe zu groß ist. »Wir zwei nehmen die acht mit«, ist so ein Pädagogensatz, an den sich Martin noch bestens erinnert. Keine Namen, keine individuellen Bedürfnisse. Einmal fahren sie mit einer Gruppe in ein Jagdschlösschen in einem abgelegenen Wald – fernab der Zivilisation, fernab nichtbehinderter Menschen. Das ist nicht, was Martin unter Integration versteht. Auch missfällt ihm, dass stets nur dieselben Menschen mitfahren. Es sind die natürlichen Grenzen eines Vereins – Martin aber will mehr.

Martin ist vierunddreißig und schon seit vier Jahren bei dem Verein angestellt, als er und zwei Kollegen eine Idee haben: Wie wäre es, wenn sich der Verein auch für andere Menschen öffnen und außergewöhnliche Reisen anbieten würde? Wie wäre es, wenn diese kostspielige Idee finanziell gefördert werden würde? Von da an treffen sie sich regelmäßig neben der Arbeit, diskutieren, planen, formulieren ein Konzept, ehe sie dieses zur Europäischen Union nach Brüssel schicken und eine Förderung beantragen. Für Martin ist es die Chance, gemeinsam mit seiner Kollegin Birgit Glöckner etwas Eigenes auf die Beine zu stellen. Ein eigenes Projekt, das er mitgestalten kann, in dem er etwas bewegen kann – und all das während der regulären Arbeitszeit. Und tatsächlich genehmigt die EU die volle Kostenübernahme für drei Jahre.

Martins Traum, den Menschen, die er betreut, die Welt zu zeigen, beginnt wahr zu werden. Fünf Reisen bietet der Verein jedes Jahr an, das sind insgesamt gut zwanzig Gäste, mehr geht nicht und muss es dank der EU-Förderung auch nicht. Ohne die Mittel aus Brüssel wäre das Projekt zu teuer für den Marburger Verein. Martin und Birgit stehen nach drei Jahren, als die EU den Geldhahn zudreht, vor einer Entscheidung: Entweder sie lassen ihr Baby, das sie über Jahre großgezogen haben, sterben, oder sie kündigen, lösen sich von dem Verein, machen die Reisen profitabel und professionalisieren ihr Herzblutprojekt. Es ist das Jahr 2001, Flugzeuge wurden ein paar Wochen zuvor in die Zwillingstürme des World Trade Centers manövriert, der Euro löst gerade die Deutsche Mark ab – allerorten herrschen Unsicherheit und Angst vor Fernreisen, keine Urlaubsstimmung. Es ist ein Jahr, in dem die ersten Online-Reiseagenturen den Markt entdecken und viele herkömmliche Reisebüros schließen. Martin und Birgit aber entscheiden sich, eines zu eröffnen.

Heute sagt Martin, es sei eine Mischung aus Naivität und Überzeugung gewesen, die sie zu dieser Entscheidung geleitet hatte.

Vermutlich ist es etwas, das aus seinen vorherigen Begegnungen resultiert. So häufig hatten behinderte Menschen vor ihm gesessen, die haderten und zweifelten, ob sie eine Reise überhaupt durchstehen würden. Er hakte dann einen Punkt nach dem anderen ab, fragte, welche Medikamente sie benötigten, ob sie von der Begleitperson gewaschen oder bei Nebenerkrankungen wie Diabetes gespritzt werden müssten. Schließlich analysierte er jedes einzelne Detail und legte fast allen Kunden schließlich ans Herz: »Erfüllen Sie sich Ihren Traum!« Martin hatte so häufig anderen Mut zugesprochen, dass er nach drei Jahren selbst mutig genug für den Schritt in die Selbstständigkeit war.

Die Route 66 ist so ein Traum, von Chicago nach Santa Monica. Auch für den Mann, den Martin nur »Herr Professor Doktor« nennt und der über achtzig ist. In der gesamten Welt dozierte er über den Lions Club, eine weltweite Vereinigung von Menschen, die sich uneigennützig gesellschaftlichen Problemen widmen. An einem der ersten Tage fragt er Martin, ob sie den Ort Rolla in ihre Route einschließen könnten. Martin stimmt zu, ohne nachzufragen. In Rolla angelangt, ist dort nicht mehr zu sehen als eine Uni, ein Lions Club und jede Menge Autoschuppen – nur der ausgetrocknete rollende Busch, der durch die Einsamkeit weht, fehlt für dieses Klischee vom amerikanischen Hinterland. Sie fahren durch den kleinen Ort, ohne anzuhalten. Abends fragt ihn Martin, warum sie ausgerechnet dahin gefahren seien. Der Mann erzählt, vor fünfzig Jahren sei er gerade mit der Uni fertig und etwa dreißig Jahre alt gewesen, als er eine Familie gründete. Überraschend habe er dann ein Angebot für eine Professur an der Universität in Rolla erhalten – ein Lotto-Jackpot: Wer damals als Professor in die USA ging, war danach ein gemachter Mann. Er habe trotzdem abgelehnt, habe sich gegen den Job und für seine Familie entschieden. »Fünfzig Jahre lang wusste ich nicht, wogegen ich mich eigentlich damals entschieden hatte, nur wofür.« Der alte Mann hält kurz inne, ehe er fortfährt: »Jetzt weiß ich: Es war die richtige Entscheidung!«

Martins eigener Traum, das Unternehmen, wäre beinahe zum Debakel geworden. Er nennt es Weitsprung, gründet eine GmbH und steckt sich hohe Ziele: Er will die Behindertenarbeit ausbauen, mehr Reiseziele anbieten, Arbeitsplätze für behinderte Menschen schaffen und noch so viel mehr. Er will den Anker lösen, den Hafen verlassen und die Segel setzen. Er will nicht in den Räumlichkeiten des Vereins bleiben, er und Birgit wollen selbstständig sein und ihr eigenes Ding machen. Martin ist Pädagoge, er will die Welt besser machen. Er ist jedoch kein Betriebswirt, und so verliert er die Zahlen aus den Augen. Anfangs nehmen die beiden Gründer einen Kredit auf, fünfundzwanzigtausend Euro pro Person. Im Nachhinein sagt er, wäre das zumindest in dieser Höhe nicht notwendig gewesen.

Die ersten drei Jahre verlaufen schleppend, noch immer organisieren sie nur fünf Reisen pro Jahr. Als ein Unternehmensberater das Reisebüro unter die Lupe nimmt, resümiert dieser: »Wenn ihr das Ding nicht vor die Wand fahren wollt, muss etwas passieren! Tatsächlich fehlen der GmbH am Ende des dritten Geschäftsjahres dreitausend Euro. Die Firma wäre zahlungsunfähig und der Traum vom eigenen Unternehmen beendet gewesen, wenn sich nicht ein Unterstützer gefunden hätte, der das fehlende Geld dazugibt. Seine Existenzsorgen erstickt Martin in Arbeit, wiederholt unterbewusst ein immer wiederkehrendes Mantra: immer noch einen draufpacken, positiv denken, dazulernen. Anfangs ist der Computer für ihn ein Buch mit sieben Siegeln, heute programmiert er seine Datenbanken selbst. Und er zieht fast täglich einen Kontoauszug – um die Zahlen im Blick zu halten.

Weil er genau das tut, läuft es fortan besser: Weitsprung wächst. Martin eröffnet neben dem Hauptsitz in Marburg erst eine Niederlassung in Hamburg, später in Bremen und Paderborn. In der gesamten Republik kann er mittlerweile auf Freiwillige zurückgreifen, die er zunächst schult und die dann ihren eigenen Urlaub mit den Reisenden als Begleitperson verbringen. Heute veranstalten sie etwa fünfzig Reisen pro Jahr mit vier bis zehn Teilnehmern – mehrere hundert erfüllte Lebensträume. Und von sehr vielen hat Martin ein Fotobuch angefertigt, Bilder von Rollstuhlfahrern, von Blinden oder geistig behinderten Menschen. Sie alle haben eines gemeinsam: Sie posieren strahlend vor Pyramiden, im Dschungel, am Meer. Es sind Erinnerungen an eine Auszeit, eine Auszeit vom Anderssein. Es sind die einzelnen Anekdoten, die Martins Augen glasig werden lassen: Von einer alten Dame, die sich mit einer Kenia-Reise belohnte, weil sie zu diesem Zeitpunkt seit zehn Jahren unter Multipler Sklerose litt. Oder von dieser rüstigen Frau, die mit neunzehn Jahren an Kinderlähmung erkrankte und die mit achtundneunzig Jahren mit einer Begleiterin nach New York reiste. Ein Großteil ihrer Familie war in den Vierzigerjahren in die amerikanische Metropole ausgewandert, doch weil ihr Vater kurz zuvor schwer erkrankt war, blieben sie und ihre Eltern in Deutschland. Fast siebzig Jahre später erfüllte sie sich ihren Traum: einmal New York sehen. Zwei Jahre und einen Vietnam-Urlaub später starb die alte Dame, mit hundert Jahren.

Martins Rucksack ist heute wieder randvoll. Diesmal liegen keine Ziegelsteine darin, die schwer auf den Schultern lasten, kein unnötiges Gepäck, das ausbremst und unzufrieden stimmt. Sein Inhalt ist federleicht: Es ist die Gewissheit, seinen Traum zu leben und die Welt, zumindest für seine Kunden, ein Stück besser zu machen. Es ist das, was durch die vielen Begegnungen haften bleibt, die Gespräche, die Dankbarkeit. Die Existenzsorgen liegen weit hinter Martin, er kann heute von Weitsprung leben. Mehr sagt er dazu nicht, nur so viel: »Die Frage, ob es sich lohnt, lässt mir einen Schauer über den Rücken laufen.« Er mag nicht in einer Welt leben, in der sich die Leute fragen, ob es sich lohnt, einen Apfelbaum zu pflanzen oder einen Acker zu bestellen, und in der es sich stattdessen mehr lohnt, Essen wegzuschmeißen. Er strebt nicht nach Geld, er strebt nach Glück. Deshalb will er viel lieber diese Frage hören: »Macht dir das Spaß, was du tust?«

Martin ist Jahrgang 1960 – ein Spätachtundsechziger durch und durch, und nicht nur, weil er zufällig in diese Zeit geboren wurde. Vielleicht bist du ein Kind der Achtziger oder Neunziger, vielleicht gehörst du aber auch zu einer Generation, die einen anderen Namen verpasst bekommen hat als Generation Y. Es spielt keine Rolle, denn das, was zählt, ist nicht das tatsächliche Alter, sondern das gefühlte. Manche Menschen sind schon mit zwanzig eher wie fünfzig, und andere haben sich mit fünfzig noch etwas aus ihrer Jugend behalten. Egal wie voll dein Rucksack ist, welche Erfahrungen du gemacht hast, welche Fähigkeiten du dir in deinem Leben angeeignet hast – es ist nie zu spät, ihn sich mal anzuschauen und gründlich auszumisten, auch nicht mit achtundneunzig Jahren. Für Träume gibt es kein Verfallsdatum.

Heute ist Martin kein Autonomer mehr. Er wohnt seit ein paar Jahren auch nicht mehr in einer WG. Und trotz allem, so sagt er, habe er sich ein Stück jener Freiheit behalten, die er sich als Autonomer einst erhofft hat: die Freiheit, sein eigener Herr zu sein – mit allen Rechten und Pflichten. Wenn du Martin nach seinen Erfahrungen fragen willst, ist er für dich per E-Mail an m.smik@weitsprung-reisen.de zu erreichen.

Samstag, 3. August: Marburg

Es ist unerheblich, von wie vielen Schicksalen du hörst, du stumpfst nicht ab. Das sagt Martin, und er muss es nach all den Jahren wissen. Martin ist ein Gefühlsmensch. Als er von den rührenden Geschichten erzählt, die er erlebt hat, bricht ihm mehrfach die Stimme weg, seine Augen werden häufig feucht. Auch für uns ist es ein berührendes Gespräch. Es hallt nach und bietet uns über viele Tage ein Gesprächsthema: Für Träume gibt es kein Verfallsdatum. Dass es nie zu spät ist, um etwas Neues zu wagen, zeigen nicht nur die Geschichten, die Martin uns erzählen konnte. So viele Menschen finden ihre Berufung erst spät oder gründen ihr erstes eigenes Unternehmen mit über fünfzig. Ray Kroc und Harland Sanders fallen auch in diese Kategorie: Beide gründeten ihre Unternehmen vergleichsweise spät, Ray mit zweiundfünfzig und Harland sogar erst mit fünfundsechzig Jahren. Doch besser spät als nie. Heute kennt jedes Kind die Namen ihrer Unternehmen: Es sind McDonald's und Kentucky Fried Chicken.

Wir gehen an diesem Abend nicht ins Schnellrestaurant, denn wir werden glücklicherweise bekocht. Eine Bekannte in Marburg lässt uns in ihrem Gästezimmer schlafen. Das Essen ist hervorragend, doch die Schlafcouch ist etwas zu schmal für zwei Männer. Das ist nicht komfortabel, resultiert aber aus einer Regel, die wir uns selbst auferlegt haben: Wir wollen auf unserer Recherchereise so wenig Geld wie möglich ausgeben. Wir suchen uns Mitfahrer, um die Spritkosten zu minimieren, und günstige oder gar kostenlose Schlafplätze, keine Hotels. In beinahe jeder Stadt, in der wir ein Interview führen, verbringen wir eine Nacht, denn wir fahren für das Buch durch die ganze Republik. Marburg, Dresden, Karlsruhe, Berlin, München – leicht kommen ein paar tausend Kilometer zusammen, und eben auch einige Übernachtungen. Und manchmal eben auch zu zweit auf einer viel zu schmalen Couch. Die oberste Regel, neben unserem Low-Budget-Ansatz, ist aber eine andere: Wir wollen bei unserem Projekt möglichst viel Spaß haben. Verbissen auf ein Ziel hinzuarbeiten, nur für diesen einen magischen Moment, in dem wir endlich das Buch in der Hand halten, das ist es uns nicht wert. Wir wollen gemeinsam durch Deutschland reisen, Abenteuer erleben und zusammen Spaß haben. Wir wollen Sinnvolles tun, ohne dabei Verrücktes lassen zu müssen. Marburg ist übrigens eine Studentenstadt, mit entsprechend ausgeprägter Kneipenszene: Die Nacht war zwar unbequem, aber dafür auch nicht lang.

Dass Sinnvolles und Verrücktes nah beieinander liegen können, zeigt sich am Ende unseres Interviews mit Martin erneut. Er möchte gerne wissen, welche Geschichten noch in unserem Buch beschrieben werden. Wir zählen Namen auf, als Martin einhakt: »Freshtorge? Is nicht wahr. Das ist doch der Youtube-Star, der die Rolle der Sandra erfunden hat, oder? Dessen Videos schaut mein Sohn ständig.« Seine eigene Geschichte im selben Buch mit der von Torge Oelrich? »Na, da wird mein Sohn aber stolz sein.« Und er wird lernen: Wer Außergewöhnliches leistet, muss nicht zwingend ein gefeierter Star sein. Sein Papa ist das beste Beispiel.

3

NICO PUSCH FÜHRT EIN DOPPEL-
LEBEN: ER IST RETTUNGSSANITÄ-
TER UND DJ. BEI SEINEN AUFTRIT-
TEN IN GANZ EUROPA BEJUBELN
IHN TAUSENDE. VOR ZWEIEINHALB
JAHREN WAR DAS ANDERS, DA
LEGTE ER NUR IM EIGENEN KELLER
AUF.

DU KANNST NICHT ALLES HABEN? BLÖDSINN!

Es scheint, dass es genau zwei verschiedene Arten von Menschen gibt. »Du kannst nicht alles haben, sei also froh über das, was du hast«, sagen die einen. Wer nichts macht, macht auch nichts falsch, scheinen sie eigentlich sagen zu wollen und leben nach dieser Devise. »Eines Tages, Baby, da werde ich alt sein. Oh Baby, werde ich alt sein, und an all die Geschichten denken, die ich hätte erzählen können«, sagen die anderen. Und meinen es auch so? Führen sie wirklich ein anderes Leben? Tun sie wirklich alles, um die Geschichten zu schreiben, die sie gerne später erzählen wollen? Zu welcher Art von Mensch gehörst du, und wo fängt deine Geschichte an?

Wenn Nico Pusch erzählt, wie er Rettungssanitäter wurde, beginnt seine Geschichte vor langer Zeit, kurz nach dem Mauerfall. Er wächst in der DDR auf, wo nach der Wiedervereinigung innerhalb kürzester Zeit die Trabis verschwinden und gegen schnelle Westautos eingetauscht werden. Mit der vier- bis fünffachen Motorleistung der neuen, modernen Autos beginnt eine lange Serie schrecklicher Unfälle auf den Straßen rund um Nicos Heimatort Marlow. Nico ist zu dieser Zeit noch ein Kind, sein Vater bei der Freiwilligen Feuerwehr und ständig im Einsatz, um Leben zu retten: unbekannte Opfer, entfernte Bekannte, Leute aus dem eigenen Dorf. Der Vater ist zu dieser Zeit selten zu Hause, denn er ist viel draußen, um zu helfen.

Nico ist zwar noch klein, aber groß genug, um zu verstehen, dass es einen Unterschied macht, ob sein Vater draußen ist oder nicht. Dies ist der Grund, dass Nico Jahre später Rettungssanitäter wird. Sein Beruf ist ihm wichtig, und es mag abgedroschen klingen: Er ist seine Berufung. In seiner Freizeit macht er Musik, nebenbei wie Tausende andere auch, abends nach einer Zwölf-Stunden-Schicht und an schichtfreien Wochenenden. Nico Pusch ist aber nicht wie tausend andere: Er hat mehr als fünfzigtausend Fans bei Facebook, auf der Musikplattform Soundcloud folgen ihm sogar mehr als achtzigtausend Menschen und fiebern seinen neuesten Veröffentlichungen entgegen.

Nico ist DJ für elektronische Musik. Er legt in Discos und Clubs auf, mittlerweile europaweit: in Paris, Berlin, Amsterdam und anderen Metropolen. Immer, wenn sie ihn buchen, überall, wo sie ihn buchen – und sie buchen ihn oft. »Wenn die Leute auf deine Musik abgehen, ist das der geilste Rausch, den du haben kannst«, sagt er. Nico hat mittlerweile zwei Berufe und auch zwei Berufungen. Es passt zu seinem Lebensstil, der aus ganz viel Sowohl-als-auch und nur ganz wenig Entweder-oder besteht, und der mit einem Knall begann.

Eigentlich ist es ist gar kein richtiger Knall. Es klingt eher, als hätten sich die Boxen verschluckt, als wäre ein zu großer Brocken Bass einfach hängen geblieben. Und dann ist es still, ganz still, denn die Musik ist aus. Hunderte Blicke sind in diesem Moment auf Nico gerichtet: Er hat die ungeteilte Aufmerksamkeit des gesamten Kölner Clubs. Es ist sein erster Gig, das allererste Mal, dass er Musik außerhalb der eigenen vier Wände auflegt. Eigentlich. Denn gerade ist die Musik aus, und Nico hat nicht den leisesten Schimmer, was passiert ist. Alle Augen sind auf ihn gerichtet – einer dieser schrecklich langen Momente, in denen das Adrenalin ins Blut schießt und die Adern pochen. Momente, in denen sich ein Gefühl von Panik breitmachen könnte und Schweißperlen auf der Stirn stehen müssten. Nico steht ganz alleine dort oben, fokussiert von Hunderten von Augenpaaren. Vielleicht hat er ebenfalls Schweißtropfen auf der Stirn, aber panisch ist er nicht. Nein, er ist hellwach und hochkonzentriert.

Es vergehen nur wenige Augenblicke, bis er entdeckt, dass das USB-Kabel, das seinen Computer mit der Anlage verbindet, verschwunden ist. Es liegt auf dem Fußboden neben seinem DJ-Pult. Es hat sich durch die Vibrationen des wummernden Basses gelöst. Nicos Stirn ist tatsächlich feucht, die Tropfen haben nun zum ersten Mal einen Teil seiner Aufmerksamkeit gewonnen, während er ganz ruhig nach dem Kabel greift und es mit seinem Notebook verbindet. Endlich verlassen wieder erste Bässe die Boxen in Richtung der Menge, die Party kann weitergehen. Nach und nach wenden sich die Augenpaare von der Bühne ab, die Leute beginnen wieder zu tanzen, und Nico atmet tief durch und gönnt sich einen Schluck Heineken.

Der allererste Gig – und dann sowas. Ein absoluter Anfängerfehler, wie peinlich! Aber eine Katastrophe? Nein. Nico legt an diesem Tag zwar das erste Mal außerhalb seines Zimmers auf, aber er hat schon Schlimmeres erlebt. Nico ist Rettungssanitäter. Er hat gelernt, Ruhe zu bewahren, auch in solchen Situationen, bei denen es um weit mehr geht als die Fortsetzung einer Party. Wer nicht begreift, dass Fehler zum Leben dazugehören, kann nicht weitermachen – weder als Rettungssanitäter noch als DJ.

Und so ist es auch in dieser Nacht: Nico macht einfach weiter. Er ist schließlich hier, damit die Leute feiern. Und genau das tun sie, ausgelassen, die ganze restliche Nacht lang. Als Nico sein Set beendet, ist die »Katastrophe«, die kurze Unterbrechung vom Anfang des Abends, längst vergessen. Die Leute sind nassgeschwitzt und euphorisiert. Es wird nicht der letzte Auftritt für Nico in diesem Kölner Club sein, in dem der Startschuss zu seiner Karriere als DJ fällt. Bis heute verlangt er hier nicht viel mehr als ein Spritgeld – genauso viel Honorar wie damals, bei diesem allerersten Gig im Jahr 2011.

Die E-Mail mit der Einladung nach Köln kam für Nico damals völlig überraschend. Genau genommen hätte sie auch zu keinem ungünstigeren Zeitpunkt kommen können, denn er hatte gerade erst wenige Wochen zuvor sein gesamtes DJ-Equipment verkauft. Kurz bevor seine Karriere tatsächlich beginnen sollte, scheint sie für ihn zu diesem Zeitpunkt in weiter Ferne. Nico ist seit drei Jahren mit seiner Freundin Steffi zusammen, als die beiden den nächsten Schritt wagen und zusammenziehen.

Gemeinsame Möbel sind nun wichtiger als teures DJ-Equipment. Es ist Zeit für etwas Neues, etwas Erwachsenes. Es ist ein Schritt, der sich zwar gut und richtig anfühlt, aber der für Nico dennoch von Wehmut begleitet ist, schließlich war elektronische Musik schon immer ein wichtiger Teil seines Lebens. Der Gedanke, dies komplett aufzugeben, sich zwischen einer ernsten Beziehung und der Musik entscheiden zu müssen, tut ihm weh.

Wenn Nico auflegt, mischt er verschiedene Lieder ineinander, sodass sich fließende Übergänge ergeben und die Lieder zu einem einzigen Song verschmelzen – und dafür braucht er teure Technik. Aber Nico produziert auch Musik: Zum einen macht er eigene Songs, indem er die verschiedenen Komponenten eines Lieds zusammenfügt. Zum anderen erstellt er sogenannte Remixes, auch »Bootlegs« oder »Edits« genannt; dies sind Neuinterpretationen von Originalsongs, für die er nicht mehr als einen üblichen PC braucht.

Sein Kompromiss daher: das Kapitel Auflegen erst einmal auf Eis legen und die Ausrüstung verkaufen, um das Geld in Möbel zu investieren, gleichzeitig aber den PC behalten, um weiter eigene Musik und Remixe produzieren zu können. Das teure Equipment gegen Möbel einzutauschen ist also ein guter Deal, um die beiden wichtigsten Prioritäten in seinem Leben zu vereinen.

Als Nico zum ersten Mal eigene elektronische Musik kreiert, ist er vierzehn und spielt mit Music 2000 auf der Playstation herum: »Intz, intz, intz«, ganz stumpf, zwei Minuten lang nichts anderes als »intz, intz, intz«. Das ist genau das, was er als Teenager hören will, nichts als Bass. Dieser Anfang ist nichts Großartiges, es ist genau genommen sogar sehr weit weg von dem, was man Musik nennen könnte, aber es ist ein Anfang. Es ist das erste Aufglimmen eines Funkens, der nötig sein wird, um später ein Feuer zu entzünden. Es ist das erste Mal, dass Nico sieht, wie einfach es ist, mit ein paar Klicks etwas Eigenes zu erstellen, genau das zu schaffen, was er selbst gerne hören möchte, auch wenn es bloß stumpfer Bass ist, auf den ein Vierzehnjähriger steht.

Nico spielt die nächsten beiden Jahre weiter mit seiner Playstation herum, macht so etwas Ähnliches wie Musik, aber Meisterstücke entstehen dabei nicht. Er ist kein Mozart, er ist nur ein normaler, vor sich hin pubertierender Teenager, der einfach Spaß hat zu spielen. Nennenswerte Fortschritte macht Nico nicht, bis eines Tages sein Onkel zu Besuch kommt und ein Geschenk mitbringt: eine CD-ROM, darauf ein Programm, um eigene Musik zu machen. Die beiden verlassen die Runde und gehen in Nicos Kinderzimmer, in dem sein erster eigener Computer steht. Eine Stunde später hat Nico die Grundzüge des Programms verstanden, und das Feuer beginnt, sich zu entzünden. Jetzt ist für ihn mehr möglich als nur »intz, intz, intz«, jetzt fängt Nico an, richtige Musik zu machen. Seit diesem Tag gibt es in seinem Leben das Sowohl-als-auch, das er sich bis heute erhalten hat: den Beruf und die Musik.

Im selben Jahr tritt Nico in die Fußstapfen seines Vaters und wird mit sechzehn Mitglied der Freiwilligen Feuerwehr. Ja, die Geschichten seines Vaters haben ihn wirklich stark geprägt, und der Wunsch, mit seiner Arbeit einen Unterschied zu machen, festigt sich mit den Jahren immer mehr. In der neunten Klasse macht Nico ein Praktikum beim Rettungsdienst, es folgt der Eintritt in die freiwillige Feuerwehr, danach macht er eine Ausbildung zum Krankenpfleger. Das Examen ist für ihn die Eintrittskarte, um sich anschließend zum Rettungsassistenten ausbilden zu lassen. Nico will nicht nur im Büro sitzen und Geld hin und her schieben, es geht ihm darum, Menschen zu helfen. Und kein Tag ist dabei wie der andere. Nie.

Neben Freiwilliger Feuerwehr und Ausbildung verbringt Nico seine freie Zeit fast ausschließlich mit elektronischer Musik. Während andere Jungs am Computer zocken, spielt Nico zu Hause mit dem Musikprogramm seines Onkels herum. Und er spielt wirklich, denn besser wird er vor allem dadurch, dass er vieles einfach ausprobiert und dabei Spaß hat. Gelegentlich ruft er seinen Onkel an, wenn er sich an einem Problem festgebissen hat und nicht weiterkommt, aber er versucht, möglichst viel selbst herauszufinden.

Nico ist unglaublich wissbegierig, aber es ist zu dieser Zeit gar nicht so leicht, sich Know-how über die Feinheiten eines Musikprogramms anzueignen. Youtube existiert noch nicht, und die einzige Quelle, sein Wissen zu erweitern, sind schlichte Internetforen. Heute wäre das so viel einfacher: Es gibt kaum eine Frage, die er nicht mit Google klären könnte, und auf Youtube gibt es unzählige Tutorials, Erläuterungen und Anleitungen – nicht nur zum Thema Musik, sondern zu vielem mehr. Es gibt sogar Tutorials darüber, wie man Tutorials erstellt!

DJ wird man nicht durch ein Studium, und auch nicht durch einen Abendkurs an der Volkshochschule. DJ wird man, weil man für Musik brennt und für diese Leidenschaft Zeit aufwendet. Weil man Stunden und Tage auf Entdeckungsreise verbringt, um die neuesten, coolsten Songs zu finden. Weil man diese Zeit jedoch gerade nicht als Aufwand empfindet, sondern als Spaß. Weil sie zwar eine Investition ist, aber dieses Wort dennoch den Sinn an dieser Stelle nicht vollständig erfasst. Natürlich gibt es trotzdem Phasen, in denen es einfach nicht weitergeht und die Motivation fehlt.

Nico sieht es entspannt, macht dann konsequent den PC aus und beschäftigt sich mit etwas anderem. Später wird die Lust schon wiederkommen – und mit ihr die Kreativität. Musik ist für Nico Leidenschaft, keine Arbeit. Und es gibt auch keinen Chef, der ihn ermahnen müsste, nun endlich weiterzumachen. Das kommt von ganz alleine.

Nicos Tipp

Trau dich, um Hilfe zu bitten und nimm Kritik an. Aber Fragen, die du mit maximal fünf Minuten Zeitaufwand durch Google selbst lösen kannst, stell bitte nicht. Das ist dem anderen gegenüber respektlos, und er wird dir höchstens ein einziges Mal helfen.

Dass Nico jemals in einer Stadt wie Köln auflegen würde, hätte er sich anfangs nie träumen lassen. Als er noch allein in seinem Zimmer auflegte, wäre es für ihn schon ein Traum gewesen, einmal im Schuetzenhouse, dem einzigen Club seines Heimatorts Marlow, aufzutreten. Aber wenn er ganz ehrlich ist, hätte er sich damals noch nicht einmal das zugetraut. Nicht nur, dass ihm anfangs schlicht die Fähigkeiten fehlten, nein, in seinem eigenen Heimatort aufzulegen ist zwar naheliegend, aber auch eine ganz besondere Nummer. Marlow ist ein winziges Städtchen in Mecklenburg-Vorpommern mit nicht mal fünftausend Einwohnern – hier kennt jeder jeden.

Tatsächlich findet im Schuetzenhouse der zweite richtige Auftritt in Nicos Karriere als DJ statt. Anders als in Köln ist Nico hier nicht so lässig wie ein paar Wochen zuvor. Nico steht oben, hinter seinem Mischpult, und blickt auf die Tanzfläche hinab. Er schaut in das Halbdunkel, das nur von den unregelmäßigen Lichtblitzen erhellt wird. Er sieht Freunde, Bekannte aus der Schule, Kollegen von der Feuerwehr. Es fühlt sich so an, als würde er jede Person im ganzen Raum kennen. Ein gutes Gefühl? Vertraut? Wie zu Hause? Nein. Nico fängt an zu zittern, seine Knie werden wackelig, seine Stirn feucht, der Fluchtreflex setzt mit voller Wucht ein. Die Gefahr, sich hier richtig zu blamieren, ist viel größer als in einem anonymen Club mit ein paar hundert Fremden in irgendeiner sechs Stunden entfernten Großstadt. Als Nico die Bühne nach ein paar Stunden wieder verlässt, ist das Schlottern nicht mehr als eine entfernte Erinnerung. Die Leute haben richtig gefeiert, genauso wie in Köln. Es hat nicht lange gedauert, bis sich Nico warm gespielt hat und auf seine Sache konzentrieren konnte, ohne ständig an die Menge vor ihm zu denken. Die SMS von seiner Freundin, dass sogar der Chef des Clubs getanzt habe, liest Nico erst nach seinem Gig. »Gunar hat getanzt«, murmelt er. Nico war schon so oft selbst Gast im Schuetzenhouse, doch Gunar hat er noch nie tanzen sehen. Als er in dieser Nacht mit seiner Freundin an der Hand nach Hause läuft, weiß er, dass er an diesem Abend seine richtige Feuertaufe bestanden hat. Es ist der letzte Gig, bei dem Nico mit schlotternden Knien auf eine Bühne gegangen ist. »Gunar hat getanzt« mag unbedeutend klingen, für Nico aber ist es ein Ritterschlag. Ein Ritterschlag, der ihn mehr als alles andere motiviert, endlich richtig loszulegen.

Eigentlich ist Nico nur einer von vielen anderen, die ebenfalls nur zum Spaß Musik machen. Eigentlich ist es egal, ob jemand hobbymäßig Musik macht, singt, schreibt oder malt. Und dennoch sind sie nicht alle gleich, denn es gibt einen ganz gravierenden Unterschied, warum Nico tatsächlich loslegt: Er hat nicht nur Selbstvertrauen, sondern mittlerweile auch Selbstbewusstsein.

Selbstvertrauen bedeutet, sich selbst zu vertrauen – so viel Zeit in seine Sache zu investieren und so viele Stunden zu üben, bis man selbst fest daran glaubt, dass man es schaffen kann. Selbstvertrauen ist nichts anderes als das wohlige, beruhigende Gefühl, gut genug zu sein, auch wenn es »nur« um ein Hobby geht. Selbstbewusstsein ist mehr als das, auch wenn es häufig als Synonym benutzt wird. Um sich seiner selbst bewusst zu sein, braucht es mehr als nur das eigene Ego. Es braucht zwei Beteiligte: dich und die Welt außerhalb deiner eigenen vier Wände. Denn nur durch das Feedback von außen kannst du dir wirklich selbst darüber bewusst werden, was du drauf hast. Wie viele sind schon mit einem exorbitanten Selbstvertrauen, aber ohne Selbstbewusstsein vor die Kameras einer Castingshow getreten und mussten schmerzlich lernen, dass ihnen etwas fehlte.

Nico spielte, übte, hatte Spaß, machte Fehler, lernte dazu und wurde dabei immer besser. Nico reifte, ein Prozess, der für ihn sehr wichtig war. Und so dauerte es Jahre, bis er sich seiner Fähigkeiten sicher fühlte und genug Selbstvertrauen hatte, endlich etwas ins Internet zu stellen. »Auflegen war für mich ›Zuhause‹. Ich kann mir das heute auch gar nicht mehr vorstellen, aber was anderes hat mich damals einfach nicht interessiert«, könnten auch die rückblickenden Worte jedes beliebigen anderen Musikers sein, der irgendwann den Mut gefasst hat, sich zusätzlich zum Selbstvertrauen auch Selbstbewusstsein anzueignen, der den Mut gefasst hat, seine Werke mit der Welt zu teilen. »Ich habe damals nicht gedacht: ›Ich bin hier der King, ich bin so gut.‹ Es war eher: ›Mensch, ich finde die irgendwie gut, die Musik, vielleicht gefällt die anderen ja auch.‹ « Nico war bereit. Er lud zum ersten Mal nicht unter einem Pseudonym, sondern unter seinem echten Namen Tracks auf Youtube und Soundcloud hoch. Nico Pusch verließ sein Zimmer.

Dabei ging es ihm nicht einmal darum, endlich mit seinem Hobby Geld zu verdienen. Dennoch erweist sich genau dieser mutige Schritt wenige Monate später als Eintrittskarte für den ersten Gig in Köln. Der Chef des Clubs hatte Nicos Musik bei Soundcloud entdeckt, als er das Netz nach Neuem, Frischem durchkämmte. Obwohl er Nico nie gesehen hatte, wusste er dank der »Arbeitsproben« im Netz ganz genau, was der Junge aus dem Dorf in Mecklenburg konnte, als er ihn zu sich nach Köln bat.

Nicos Tipp

Du brauchst eine Fanbase, das ist das A und O. Deine Fans beurteilen deine Arbeit und geben dir Feedback. Je mehr Fans du bei den beachteten Plattformen hast, desto präsenter bist du und desto einfacher machst du es einem potenziellen Auftraggeber, dich ohne großes Risiko zu buchen.

Ohne das Internet wäre ein solcher Aufstieg aus dem Nichts, wie ihn Nico erlebt hat, nicht möglich gewesen. Ohne das Internet hätte er sich niemals so viel selbst beibringen können auf seinem langen Weg vom simplen »intz, intz, intz« hin zu richtiger Musik. Und es wäre vermutlich auch niemals jemand auf ihn aufmerksam geworden. Die Hemmschwelle, etwas ins Internet zu stellen, ist zwar hoch, aber sicher nicht so hoch, wie den Boss einer Diskothek einfach anzurufen und nach einem Gig zu fragen – oder den Boss der zehnten Disco, nachdem bereits neun andere einfach aufgelegt haben.

Das Internet ist aber nicht nur ein Land der Gänseblümchen und Regenbögen. Was du dort tust, was deine Handschrift trägt und worin dein Herzblut steckt, wird nie allen gefallen. Das kann es auch gar nicht, Geschmäcker sind nun mal verschieden. Und das Internet ist leider prädestiniert dazu, dies im Schutz der Anonymität auch offensiv kundzutun. »Schwuler Kacksong. Hipstergewäsch für degenerierte Spacken. Fick diesen Kacktrack. Nico Pusch, erschieß dich, du Lappen.« So etwas kann passieren – vielleicht nur als einziger fieser Kommentar unter tausend positiven. Trotzdem tut das weh, und trotzdem ist es wichtig, nicht aufzugeben und einfach weiterzumachen. Sich trotz allen Ärgers wieder bewusst zu machen, was man kann, wer man ist und warum man es tut.

Wer mit dem Ziel ins Rennen geht, möglichst schnell reich und berühmt zu werden, hat nicht die Zeit, sich Selbstvertrauen und Selbstbewusstsein aufzubauen – und ist ganz schnell wieder raus aus diesem Geschäft. Es mag im ersten Moment verwundern, wenn man Nico, der mittlerweile vor Tausenden von Leuten auflegt und dessen Songs hunderttausendfach heruntergeladen werden, sagen hört: »Ich mache das alles nur für mich.« Aber genau dieser Satz ist die Antwort darauf, warum dumme Kommentare ihn vielleicht ärgern, aber niemals zum Aufgeben bringen. »Einfach weitermachen« ist der Kern seines Schaffens – auf der Bühne, zu Hause beim Mixen neuer Tracks, im Rettungseinsatz.

Nico Pusch ist Rettungssanitäter aus Berufung, und er kann sich ein Leben ohne diese Arbeit gar nicht vorstellen. Mittlerweile kann er sehr gut von seiner Musik und seinen Auftritten leben, und so könnte irgendwann der Punkt kommen, an dem er sich für den Weg als Rettungssanitäter oder als DJ entscheiden muss. Der Punkt, an dem das Sowohl-als-auch nicht mehr so gut funktioniert wie all die letzten Jahre. Es könnte auch der Punkt kommen, an dem der nächste Schritt in Nicos Beziehung ansteht, dass sich der Gedanke an Hochzeit, Kinder und Eigenheim zwar ungewohnt und neu, aber richtig anfühlt. Es wird der Zeitpunkt kommen, an dem sich das Fenster Sowohl-als-auch schließt. Gut, wenn du vorher dein eigenes Ding angefangen hast. Wenn du es geschafft hast, alle Lebensbereiche, die dir wichtig sind, unter einen Hut zu bringen. Wenn du dir dadurch vielleicht Träume erlauben kannst, die für andere unvorstellbar sind, zum Beispiel den Luxus, zwischen deinen Berufungen wählen zu können. Gut, wenn du irgendwann auf dein Leben zurückblicken kannst, ohne dabei den stechenden Schmerz des Bedauerns im Bauch zu fühlen: darüber, dass du nie den Anfang gewagt hast, weil sich Köln vielleicht zu groß und Marlow zu klein angefühlt hätten, oder darüber, dass du nie den Mut gefunden hast, die Welt außerhalb der eigenen vier Wände zu fragen, was sie denkt und ob ihr gefällt, was du tust.

Vielleicht ist Nico mit fünfunddreißig oder vierzig nur noch Rettungssanitäter und Familienvater, wer weiß. Vielleicht gibt es vorher auch eine Phase, in der er »nur« DJ und Produzent sein wird, auch das kann keiner wissen. Eines ist allerdings ganz sicher: Nico jettet um die Welt und genießt das pulsierende Leben in den großen Metropolen – leben möchte er dort jedoch nicht. Seine Kinder werden als Dorfkinder aufwachsen, so wie er. Es wäre schön, wenn sie unter Bekannten groß würden. Und es wäre schön, wenn es einen Unterschied machte, ob sie morgens zur Arbeit kommen oder ob jemand anders hingeht.

Im Januar 2014 ist Nico tatsächlich zum ersten Mal Papa geworden, aber er ist immer noch sehr viel unterwegs. Trotzdem ist er für dich persönlich unter nicopusch@gmx.de erreichbar, auch wenn es mit einer Antwort manchmal etwas dauern kann.

Samstag, 24. August: Bonn

Wir treffen Nico im einzigen Fünf-Sterne-Hotel der Stadt Bonn. Er ist heute Mittag mit der Maschine aus Paris gekommen und wird am Abend in einem Club in Bonn auflegen. Wir erwarten einen Star, doch Nico Pusch ist der Gegenentwurf dessen: Er ist der Junge vom Dorf geblieben, der keinen Wert auf Luxus legt und lediglich eine einzige Ausnahme macht: »Ich will wenigstens vernünftig wohnen, wenn ich schon andauernd unterwegs bin.« Er verstellt sich nicht, redet, wie ihm der Schnabel gewachsen ist, macht lauter Witze und flucht sogar ab und an. Nico ist erfrischend uneitel. Am Ende eines knapp dreistündigen Gesprächs bringt er uns für einen kurzen Moment aus der Fassung: »Sagt mal, soll ich jetzt meine Geschichte eigentlich selbst aufschreiben?« Natürlich nicht – sonst hätten wir ja nichts mehr zu tun! »Das ist gut, schreiben ist nämlich nicht so mein Ding. Ich schreibe immer alles klein«, sagt er und lacht los.

Der Job des Rettungssanitäters erdet ihn. Nico nimmt sich nicht allzu wichtig, es ist ihm sogar ein wenig unangenehm, drei Stunden nur über sich zu reden. Beiläufig erzählt er eine Geschichte, die im Dezember des Jahres 2011 spielt: Nico stößt durch einen befreundeten DJ auf einen Song, der erst wenige Tage zuvor auf der Musikplattform Soundcloud hochgeladen wurde. Es ist der Remix eines bis dahin noch unbekannten Berliner Philosophiestudenten namens Jacob Dilßner.

Nico ist davon begeistert und schickt eine E-Mail, um ihn zu loben: »Mensch, Jacob, das ist ein geiler Track!« Jacob freut sich über das Lob von Nico, die beiden kommen ins Gespräch. Als Jacob Nico darum bittet, einen Remix für eines seiner anderen Lieder, »Monuments«, zu machen, stimmt Nico ohne langes Zögern zu, denn auch dieser Track gefällt ihm – Jacob hat wirklich Talent. Als Nico nach den notwendigen Remixdateien fragt, enthält Jacobs Mail allerdings nicht die benötigten Dateien, sondern nur einen einzigen Satz, der Nico irritiert: »Wie macht man das denn?«

»Du pass auf, ich mach das nur so nebenbei. Ich hab keine Ahnung, wie ich dir das alles schicken kann«, erklärt ihm Jacob daraufhin. Nico ist begeistert: »Der ist kein professioneller Musikproduzent, das ist nur sein Hobby. Geil!« Nico hilft ihm mit den Dateien, und im Februar 2012 erscheint der »Monuments Nico Pusch Remix«.

Etwa ein halbes Jahr später, im Sommer 2012, kennt ein Millionenpublikum sowohl den Künstlernamen, den sich Jacob gegeben hat, als auch den Song, der Nico Monate zuvor so begeistert hat: Es ist Wankelmut mit seinem Song »One Day«. Als der Track an Popularität gewinnt, wird Jacob von dem Musiklabel Four Music, das zum Sony-Imperium gehört, unter Vertrag genommen. Der Song wird ein internationaler Megahit. Bis heute wurde das offizielle Video über einhundertzwanzig Millionen Mal bei Youtube angeklickt. Jacob Dilßner legt nach seinem Erfolg sein Philosophiestudium auf Eis, um mit fünfundzwanzig nun in Vollzeit aufzulegen und zu produzieren – und nicht mehr nur als Nebenprojekt.

Achtzehn Monate, nachdem Jacob »One Day« auf Soundcloud hochgeladen hatte, erscheint ein Video auf Youtube, das es ohne seinen Song in dieser Form nie gegeben hätte: Julia Engelmann erfindet mit ihrem Gedicht beim Poetry-Slam das Rad nicht komplett neu, als sie darin genau die Textzeilen des Liedes aufgreift und sie ins Deutsche übersetzt: »Eines Tages, Baby, werden wir alt sein, oh Baby, werden wir alt sein, und an all die Geschichten denken, die wir hätten erzählen können.« Doch ihr gelingt es, mit einer sehr berührenden Beschreibung das Lebensgefühl einer ganzen Generation auszudrücken. Das Video polarisiert und begeistert gleichzeitig Millionen. Innerhalb kürzester Zeit wird es vom Internethit zum Medienphänomen.

Es ist das Ende einer Kette, an dessen Anfang Asaf Avidan steht. Der israelische Folk-Rock-Musiker produziert einen Popsong namens »One Day«, den hierzulande kaum jemand kennt. Ein Berliner Student, der sich Wankelmut nennt, findet dieses Lied im Internet, macht daraus einen Electro-Remix und feiert einen Megahit. Julia Engelmann hört schließlich Wankelmuts Kreation und erschafft daraus ein Gedicht, das erneut Millionen von Menschen berührt. Man sagt, Geschichte wiederholt sich nicht. Aber manchmal ist sie verdammt nah dran.

4

KLAUS PASSERSCHRÖER HAT EIN SÜßES HOBBY: DIE PRALINE: ER TÜFTELT, PROBIERT, BESUCHT CHOCOLATIERS. ALS SEIN ARBEITGEBER INSOLVENT GEHT, GRÜNDET ER AUF EINEM DACHBODEN DEN PRALINENCLUB.

MACH DEIN LUFTSCHLOSS ZUM EI-GENHEIM!

Am Anfang schuf der Gründer das Luftschloss. Als es stand, baute er noch zwei Türme an das pompöse Bauwerk, das nur er sehen konnte. Nach einer Weile überzog er dessen Fassade mit Gold und pflanzte ein Meer an Blumen in dem sattgrünen Garten an. Schließlich grub er ein großes Loch im Garten und legte einen Teich mit japanischen Kois an. Wochen später, als alles herrlich blühte, alles golden glänzte und er schon mehrmals durch den Garten seines königlichen Luftschlosses flaniert war, erzählte er seinen Freunden von diesem wundervollen Ort. Doch die blickten ihn irritiert an und lachten ihn aus. Manche erklärten ihn für verrückt. Die, die es gut mit ihm meinten, sagten: Träumer! Das Märchen vom Gründer und dem Luftschloss spielt sich allein in Deutschland tausendfach ab. Viele träumen monatelang, erzählen es aber niemandem. Viele träumen, überwinden sich schließlich, es anderen zu erzählen und lassen sich von den Reaktionen ihrer Mitmenschen entmutigen. Aber es gibt auch andere, Menschen wie Klaus Passerschröer.

Wochen schon flaniert Klaus durch den Garten seines Luftschlosses. Es ist im Sommer 2003, Klaus zu diesem Zeitpunkt dreißig Jahre alt, als er umzieht – raus aus der eigenen Wohnung, hinein in sein altes Kinderzimmer. Die weiße Raufasertapete ist an einigen Ecken ziemlich abgewetzt, die Decke holzvertäfelt. Modern war das schon nicht, als er vor sieben Jahren aus seinem Elternhaus im Münsterland auszog. Nun steht er wieder hier, mittendrin in zehn Quadratmetern Vergangenheit. Er ist wieder zu Hause, zurück im eigenen Kinderzimmer. Er nimmt das in Kauf, denn er weiß ja, wofür er es tut. Für seinen Plan, den er im Kopf hat, dieses Luftschloss. Er will, dass es Realität wird. Und dafür hat er das, was er besaß, verkauft – er musste es verkaufen.

Klaus hat gemeinsam mit seinem Kegelbruder Frank Große-Vehne den Pralinenclub gegründet. Ihr Geschäftsmodell geht so: Sie kooperieren mit den besten Chocolatiers des Landes, lassen sich jeden Monat deren Kreationen schicken und wählen die fünfzehn feinsten Pralinen aus. Diese exklusive Mischung schicken sie an ihre Kunden, mittlerweile mehr als fünftausend Schachteln im Monat. Jedes dieser exklusiven »Genusspakete« mit dreißig Pralinen kostet etwas mehr als zwanzig Euro – ein süßes Geschäft.

Diese Geschichte erzählt aber nicht vom Reichtum. Sie gipfelt nicht bei der einen innovativen Idee, auf die jeder wartet wie auf den großen Lotto-Jackpot. Sie erzählt nicht vom Clou, der in einer Garage beginnt und in einen Weltkonzern wie Apple mündet. Diese Geschichte beginnt auf einem Dachboden, nicht aber mit einer Innovation. Klaus Passerschröer hat die Praline schließlich nicht neu erfunden, er hat sie lediglich von ihrem verstaubten Image befreit. Häufig genügt es, alten Ideen neuen Schwung zu verleihen, um den Traum vom eigenen Unternehmen zu leben. Es braucht nicht unbedingt die Vision eines Steve Jobs, es braucht aber die Leidenschaft eines Klaus Passerschröer.

Wofür sein Herz eigentlich schlägt, wusste Klaus nicht immer. Klaus wusste nur, dass er nicht die Ellbogen besitzt, um sich in der Wirtschaft durchzusetzen. Dazu hat ihn das Umfeld viel zu sehr geprägt, in dem er aufgewachsen ist und wo es oft hieß: »Do, wat man de sech.« Was so viel bedeutet wie: »Tu, was man dir sagt.« Bleib einer in der Menge und dir wird nichts passieren. Das entmutigte und nahm ihm schon früh und für lange Zeit die Freiheit, eigene Wege zu entdecken und sein eigenes

Ding zu machen. Diese innere Freiheit aber ist der Zement für jedes Luftschloss.

Ursprünglich will Klaus Krankengymnast werden. Da brauchst du Hände, keine Ellenbogen. Er macht die Mittlere Reife, beginnt mit siebzehn eine Ausbildung bei einer Krankenkasse und legt anschließend das Fachabi nach. Als er mit dreiundzwanzig Jahren aus dem Elternhaus nahe der niederländischen Grenze auszieht, ist der Wunsch nach einer Arbeit in der Physiotherapie nur noch eine Erinnerung. Die Abiturnote, eine 3,8, reichte nicht aus. Klaus studiert nun Betriebswirtschaft, ein Fach ohne Zugangsbeschränkung, spürt allerdings bald, dass die Welt der Zahlen und Karrieristen nichts für ihn ist. Klaus begeistert sich nicht für Kosten und Gewinnspannen. Was ihn begeistert, ist vielmehr das Produkt selbst – wie es entsteht und was es ausmacht.

Tatsächlich beschäftigt sich Klaus in seiner Freizeit bereits mit zwei Produkten, die unterschiedlicher nicht sein könnten, die jedoch die traditionelle Art der Herstellung verbindet: Pralinen und Bier. Zu diesem Zeitpunkt ist für den Studenten die Liebe zum Bier allerdings stärker. Klaus braut mit seinem besten Freund eigenes Bier, tüftelt und kreiert neue Geschmacksrichtungen. Er scheitert und versucht es erneut, scheitert wieder, recherchiert und probiert es noch einmal.

Es ist ein Selbststudium, das er ausdauernd vorantreibt, über Wochen und Monate, immer mit Freude. Zum Abschluss seines Studiums, da ist er achtundzwanzig, bewirbt sich Klaus bei einer Traditionsbrauerei im Ruhrgebiet. Er schreibt zehn DIN-A4-Seiten – ein flammendes Plädoyer für die Braukunst. Er schreibt über seine Ideen für neue Biersorten und über die, die er selbst schon gebraut hat. Wer seinen Beruf liebt, schreibt keine Bewerbung, der schreibt, ohne es zu bemerken, einen Liebesbrief. Wer ihn empfängt, wird diese Liebe in jeder Zeile lesen, weil er sie ebenso verspürt.

Der Inhaber dieser Brauerei ist so jemand. Wenige Tage später ruft der Firmenchef den Bewerber Klaus an: Er wolle ihn zum Essen einladen. Klaus ist ein wenig irritiert, aber glücklich. Schon bald sitzen sich Kandidat und Firmenchef in einem Restaurant an einem gedeckten Tisch gegenüber. Die Speisekarte ist noch unberührt, als der Brauereibesitzer mit der Tür ins Haus fällt: »Ich erteile Ihnen heute eine Absage. Ich lese ja viele Bewerbungen, aber Ihre hat mich schwer begeistert. Bewahren Sie sich Ihre Freude am Bier.« Klaus ist verstört, wer wäre das nicht? Doch der Firmenchef erklärt ihm: Das Geschäft mit dem Bier sei hart geworden, zu hart für einen, der das Produkt so liebe wie Klaus. Die Gastronomie, die Kneipen, die Veranstalter – sie alle knapsten. Bier sei heute eben auch Ellenbogen.

Klaus begräbt seinen Traum und heuert stattdessen nach seinem Studium bei einem IT-Unternehmen an, erstellt dort Marketingmaterialien, ackert und tut vor allem eines: das, was man ihm sagt. Sie lassen ihn in Ruhe, er lässt sie in Ruhe. Die Liebe zum Bier bewahrt sich Klaus bis heute, doch die nächste Idee, in die er nun sein Herzblut stecken wird, dreht sich um Pralinen. Diese sind damals eine Süßigkeit von gestern, Omas Liebling: angestaubt und ziemlich unsexy, mit einem ganz miesen Image. Klaus beginnt, sich neben seiner Arbeit in die Welt der Pralinen einzulesen. Er will ganz genau wissen, wie sie hergestellt werden, und was eine hervorragende Praline auszeichnet. Er bestellt welche bei Chocolatiers, probiert sie, vergleicht – und wird mit der Zeit Experte. Er lernt von Menschen, die sich auskennen. »Man sagt, es sei noch kein Meister vom Himmel gefallen«, erzählt Klaus, »doch wenn du auf der Bildfläche auftauchst, müssen die Menschen zumindest das Gefühl haben, dass du der erste Meister bist, dem das gelungen ist.« Klaus meint damit nicht die Fassade, die trotz einer bröckelnden Bausubstanz nur golden glänzt, er meint das Fundament. Wissen ist Macht, auch bei der Umsetzung der eigenen Träume.

Als sein Arbeitgeber pleite geht, will ihm sein Chef Mut machen: »Ich möchte, dass du wieder für uns arbeitest, wenn wir uns umstrukturiert haben.« Er habe ihn für die Stelle eines Verkäufers vorgesehen. Der Chef mag seinen Angestellten, der tut, was er ihm sagt. Aber Klaus will nicht mehr nur folgen, er will endlich selbst machen. Zu sehr genießt er das, was er in Gedanken längst zu einem majestätischen Luftschloss ausgebaut hat. Schließlich erzählt Klaus ihm von seinem Plan, den Pralinen und der Idee, davon leben zu wollen. Der Chef hält inne. Er traue ihm ja vieles zu, aber die Rolle eines Unternehmers? Ohne Ellenbogen? »Er sagte mir«, erinnert sich Klaus, »>Fahr vier Wochen weg, denke über dein Vorhaben nach, und wenn du es dann immer noch willst, tu es. Wenn nicht, wird hier nie einer davon erfahren, und du fängst bei mir als Verkäufer an.<« Klaus hört auf seinen Chef, der heute sagt: »Ich hatte Angst um ihn.«

Klaus reist für vier Wochen nach Barcelona, wohnt dort in einer Wohngemeinschaft. Vielleicht ist es Schicksal, vielleicht auch nur Zufall: Der Pralinenexperte trifft dort auf Deutsche, alle Mitte vierzig, die ihre Lebenskrise bereits durchlebt haben oder gerade mitten in ihr stecken. Und sie stöhnen: »Ach, wenn ich mich damals nur getraut hätte!« Was ihm am meisten zu denken gibt: Diese ihm fremden Menschen glauben an seine Idee! Niemand bremst seine Euphorie, niemand mahnt: »Do, wat man de sech.« Klaus will nicht mit vierzig Jahren jammern, er will gründen – mit dreißig. Er will sein eigener Herr sein und seinen Traum leben. Und er muss gar nicht viel Geld verdienen, nur so viel, wie er fürs Leben braucht. »Ich hatte und habe keine kostspieligen Träume«, sagt er. Wenige Wochen Abstand genügen, um Klaus ein anderes Leben außerhalb seines Dorfes zu zeigen und ihn zu beflügeln. Es braucht Freiheit im Kopf, um ausgetretene Pfade zu verlassen und unbekannte zu betreten. Jetzt kann es losgehen.

Klaus' Tipp

Frag immer Menschen, die dich nicht kennen! Deine Eltern sorgen sich um dich, deine Bekannten sehen in dir den Saufkumpel oder den Schulschwänzer. Fremde aber schauen dir in die Augen und sehen sie leuchten. Sie hören die Worte, die du sagst, anders. Und sie urteilen objektiver – nur das hilft dir weiter.

Nach dem Urlaub kommt der Umzug: zunächst vom majestätischen Luftschloss in das eigene Kinderzimmer und wenig später auf den spärlich eingerichteten Dachboden von Frank Große-Vehne – nach hier oben, wo gerade mal zwei Dachfenster Licht spenden, wo nur ein altes Sofa, ein Tisch und später eine kleine Küchenzeile stehen. Dort lagert das Duo anfangs dreitausend Pralinen aus der ganzen Republik und sortiert diese per Hand in zweihundert Schachteln. Doch schon in diesen Stunden drängen sich Bilder in Klaus' Kopf. Bilder, die eine Geschichte zeichnen, wie es weitergehen könnte mit dem Pralinenclub. Das Luftschloss, das längst keines mehr ist, bekommt einen Anbau.

Die wenigsten würden sich selbst als Träumer bezeichnen. Noch weniger würden zugeben, dass sie bereits ein komplettes Luftschloss in ihrer Vorstellung aufgebaut haben. Bist du ein Träumer, gar ein Luftschlossbesitzer? Nein? Dann vergiss diese Worte für einen Moment und frage dich: Gibt es nichts, was du gerne machen würdest? Nichts, was du gerne probieren würdest, wenn Zeit und Geld egal wären? Gibt es wirklich keine kleine Spinnerei, die ab und zu mal aufblitzt? Keine ganz private Es-wäre-schön-wenn-Geschichte? Vielleicht musst du dir endlich die Zeit und die Freiheit nehmen, in deinem Kopf auf dem Fundament einer vielleicht noch vagen Idee etwas Schönes zu errichten. Freiheit im Kopf ist der erste Schritt. Und so lange dein Luftschloss nur in deinem Kopf steht und du der Einzige bist, der in seinem Garten flaniert, was soll dir dann passieren? Und vielleicht triffst du irgendwann die Person, die nur darauf gewartet hat, mit dir das Luftschloss zu beziehen und es real werden zu lassen.

Für Klaus war Frank genau diese Person. Die Kombination aus dem kreativen und begeisterungsfähigen Passerschröer sowie dem sachlich strukturierten Große-Vehne harmoniert perfekt. Frank ist nicht nur von Anfang an von der Idee des Pralinenclubs begeistert, der Bürochef hatte sogar bereits ein Unternehmen gegründet – Wissen, von dem Klaus profitieren kann. Heute sagen beide: Ohne den anderen wäre es nicht gegangen. Klaus, der die blonden Haare wie ein Surfer trägt, setzt sich mit seinem Geschäftspartner in seinen alten, aber toprestaurierten VW Bulli und fährt durch Deutschland, stets mit dem Ziel, die besten Chocolatiers des Landes von ihrer eigenwilligen Idee zu überzeugen. Manche lachen, manche schicken ihre Pralinen.

»Unsere größte Angst war, dass die Chocolatiers nicht mitmachen. Aber diese Angst war unberechtigt«, erzählt Klaus. Es gelingt ihnen, die Chocolatiers von deren eigenem Vorteil zu überzeugen. Dieser Vorteil liegt auf der Hand: Sie sind mit ihrer besten Praline in einer handverlesenen Auswahl, erreichen ein bundesweites Publikum und können im besten Fall sogar zur »Praline des Monats« gekürt werden. »Du musst einem potenziellen Geschäftspartner klarmachen, was er von einer Zusammenarbeit mit dir hat. Wenn er für sich selbst einen Vorteil sieht, wird er dich unterstützen.«

Die ersten dreitausend Pralinen gehen vor allem an Freunde und Bekannte. Doch der Kundenkreis des Pralinenclubs wird nach und nach größer. Jedes Mal, wenn die beiden jungen Männer bei einem Chocolatier zu Besuch sind, geben sie vorher der lokalen Presse Bescheid. Die schicken einen Reporter, manchmal sogar einen Fotografen, und sind fasziniert von der Idee und den beiden Ideengebern, die viel jünger sind, als das Image der Praline vermuten ließe. Den jungen Mann mit der blonden Surferfrisur und dem alten Bulli können sie sich prima an einem Strand vorstellen; dort fiele er gar nicht weiter auf, es fehlte eigentlich nur das Surfbrett. Doch in einer Pralinenmanufaktur? Ausgerechnet Pralinen, diesem Geschenk, über das sich eigentlich nur Großmütter so richtig freuen? Das passte nicht ins Bild – und das war der Clou. Die beiden waren alles außer gewöhnlich und damit eine Story in der Zeitung wert. Die Praline wurde plötzlich sexy.

Den Zeitungsartikel über ihren vergangenen Besuch schicken die beiden Pralinenexperten an die Zeitung am Ort ihres nächsten Ziels. Fast jede Zeitung kommt. Was nach einem genialen PR-Coup klingt, erfüllt für die beiden Newcomer eigentlich einen ganz anderen Zweck. Trotz der ersten Erfolge sind sie immer noch unbekannt in der Pralinenwelt. Die Gefahr, von den etablierten Chocolatiers als Laien abgewiesen zu werden, besteht also bei jedem Besuch. Werden die beiden Gründer allerdings im Vorfeld von der lokalen Presse angekündigt, sieht die Sache anders aus: Plötzlich stehen dort keine Laien, sondern es scheint vielmehr, als wären gerade zwei Meister vom Himmel gefallen. Der schöne Nebeneffekt: Mit jedem Artikel wächst nicht nur die Reputation der beiden, sondern auch der Kundenstamm. Schritt für Schritt, mit jedem noch so kleinen Artikel – bis eines Tages sogar der Westdeutsche Rundfunk auf das Duo aufmerksam wird. »Das hat uns mutig gemacht«, sagt Klaus. Doch als ein Privatsender darum bittet, gegen eine gute Gage nach Russland zu fliegen und dort steinreiche Frauen auf einem Steg mit seiner Schokolade einzuschmieren, blockt er ab: »Das ist hochwertige Ware, das mache ich nicht.« Seine Werte will er wahren, unter allen Umständen. Das gilt bis heute.

Klaus'Tipp

Sei immer ehrlich. Sag offen, was du kannst und was du nicht kannst. Das klingt einfach, doch damit bist du den meisten anderen bereits einen Schritt voraus. Wenn du das beherzigst, vertrauen dir deine Geschäftspartner, und dieses Vertrauen ist die Basis für alles andere.

Nach wenigen Monaten verlassen Klaus und Frank den Dachboden und ziehen in eine Halle im Kreis Borken. Die ist sechshundert Quadratmeter groß – und vor allem günstig. Das hat oberste Priorität, denn die beiden haben nämlich nach wie vor wenig Geld. Was sie aber haben, ist die nötige Portion Glück. Immer dann, wenn der Pralinenclub wachsen will, wird ein weiteres Teilstück auf dem insgesamt zweitausend Quadratmeter großen Gebäudekomplex frei. Nach ein paar Jahren sind sie allein auf dem Grundstück. Nach und nach richten sich die beiden Gründer ein, kaufen ihr Inventar gebraucht. Die nötige Verpackungsmaschine bestellen sie bei Ebay: ein altes Gerät, gut in Schuss – und günstig. Die Maschine hält noch heute.

Der Pralinenclub wächst, doch auch Klaus zweifelt manchmal und fragt sich: Bin ich auf dem richtigen Weg? Seine Unbekümmertheit war bisher der Schlüssel zu dem, was er erreicht hat. Sie führte zu einer eigenwilligen Strategie: Ein- bis zweimal pro Woche nimmt er sich, egal wie sehr das Tagesgeschäft gerade drückt, eine halbe Stunde Zeit, um etwas völlig Utopisches zu tun – etwas, das in neun von zehn Fällen misslingt. Klaus versucht es jede Woche aufs Neue.

Klaus'Tipp

Nimm dir regelmäßig Zeit, um zu träumen – eine halbe Stunde pro Tag, pro Woche oder zumindest pro Monat. Und frage dich: Was setzt du davon um? Zu wenig – weil es eh nicht klappt? Ich versuche es immer wieder aufs Neue. Warum nicht auch du? Träumen kostet nichts.

Eines Tages schreibt Klaus einen langen Brief an den damaligen Bundespräsidenten Horst Köhler. Er formuliert auf mehreren Seiten dessen Neujahrsansprache um, schreibt »Die Pralinenseite Deutschlands« darüber und schickt ihn mit der Bitte ab, den Pralinenclub auf dem Sommerfest des Bundespräsidenten präsentieren zu dürfen. Ziemlich vermessen, oder? Wochenlang bekommt er keine Antwort – bis ihn eine Dame anruft und nach Berlin einlädt, ins Schloss Bellevue.

Dort beginnt er mit seiner inspirierenden Art vom Pralinenclub zu erzählen, von der Idee, jedes einzelne Bundesland auf dem Sommerfest als Praline vorzustellen. Der Funke springt über, und er bekommt einen Stand unmittelbar vor dem Eingang zum Schloss Bellevue. Das ist kein Glück, sondern der Lohn seines Optimismus.

Eine andere Geschichte, ein anderes Jahr, dieselbe Lektion: Das Duo erhält einen eigenen Raum bei der ISM in Köln. Das ist die weltgrößte Süßwarenmesse, und genau hier möchten sie sich bei den Pralinenmachern für deren Arbeit bedanken. Klaus schreibt einen Brief an Jean Pütz, er möge ihnen doch bei der Anerkennung der Chocolatiers helfen, schließlich habe er in seiner »Hobbythek« selbst Pralinen hergestellt und die Arbeit als hohe Kunst beschrieben.

Er schreibt ihm einmal, zweimal, dreimal, viermal: keine Antwort, kein Rückruf. Nach dem fünften Brief soll Pütz' Frau gesagt haben: »So, du gehst da jetzt hin und hilfst den netten Jungs!« Jean Pütz kommt tatsächlich, schwingt eine flammende Rede, schwärmt in höchsten Tönen vom Pralinenclub und dem Handwerk des Pralinenmachens.

Solche Aktionen wie in Berlin oder Köln sind gewiss nicht allein der Grund dafür, dass es heute so gut läuft und aus dem Luftschloss ein kleines, ziemlich erfolgreiches Unternehmen geworden ist. Seit 2012 betreiben sie eine eigene Manufaktur samt Café in Südlohn. Klaus ist ein Träumer geblieben, ein Überzeugungstäter. Früher war es sein Luftschloss, das er schöner machte und immer weiter ausbaute, in dem er Stunden verbringen konnte und durch das er am liebsten Führungen gegeben hätte, wenn sich irgendwer dafür interessiert hätte.

Seine Vorstellungskraft ist immer noch kaum zu bändigen, doch mit den Jahren hat sich etwas Entscheidendes geändert: Heute gibt es die Leute, die sich für Klaus' Ideen interessieren. Und er gibt tatsächlich Führungen, aber nicht mehr durch sein Luftschloss, das nur er sehen konnte, sondern durch das, was daraus geworden ist: eines zum Anfassen, aus echtem Beton und Stein. Klaus leitet die Führungen in seiner Manufaktur selbst, und er genießt sie jedes Mal. Er will seinen Kunden zeigen, wie die Pralinen entstehen, und er will zeigen, dass in jeder Praline viel Arbeit und Liebe stecken.

Von dem Umsatz, den der Pralinenclub macht, bleibt nicht übermäßig viel bei den beiden Unternehmensgründern hängen. Handgefertigte Pralinen sind ein teures Produkt, auch in der Herstellung. Aber das macht nichts, denn Klaus hat sein Ziel erreicht: Er kann von seiner Idee leben – nicht im Luxus, das könnte und wollte er auch gar nicht –, aber so, dass sein Leben schön ist. Klaus fährt immer noch seinen alten VW Bulli, er wohnt noch immer in einer Wohnung, ganz bescheiden in einem Anbau am elterlichen Haus im Münsterland. Er ist zufrieden mit dem, was aus seinem Luftschloss heute geworden ist.

Seine Entscheidung, nicht als Verkäufer bei seinem ehemaligen Arbeitgeber weiterzuarbeiten, hat Klaus nie bereut. Er ist kein Verkäufer. Er kann kein Produkt verkaufen, für das er selbst nicht brennt. Klaus verkauft, weil er sein Produkt liebt, weil er sich seine Leidenschaft bewahrt hat – ganz genau so, wie es ihm der Brauereibesitzer damals geraten hatte. Auch beim Bier ist es ihm gelungen: Neulich hat er seine erste eigene Biersorte kreiert –ein dunkles untergäriges Bier mit einem großen Anteil Röstmalz und einem noch größeren Anteil Herzblut. Wer weiß, ob daraus noch mal etwas werden könnte? Im Moment ist es nur ein Luftschloss, und Klaus beginnt gerade erst, sich auszumalen, wie schön es einmal werden könnte.

Wenn du Pralinen magst und Klaus in seiner Manufaktur in Südlohn besuchst, wirst du seine Begeisterung spüren. Sollte Südlohn jedoch zu weit entfernt sein, ist er für dich unter passerschroer@pralinenclub.de zu erreichen.

Samstag, 7. September: Südlohn

Das Leben ist ein Geben und Nehmen. Das klingt wie das Einmaleins des guten Benehmens, und doch ist dies heute keine Selbstverständlichkeit mehr. Früher war nicht alles besser, gewiss nicht. Aber waren wir früher nicht eher bereit, für Leistung Geld zu bezahlen? Wir laden heute kostenlos Musik herunter, schauen aktuelle Kinofilme für lau im Internet und haben uns daran gewöhnt, journalistische Inhalte ohne Bezahlung online zu konsumieren. Wir sind eine Ich-will-alles-haben-und-das-umsonst-Gesellschaft geworden, die sich manchmal unmoralisch, schlimmstenfalls gar illegal Zutritt zu diesen Angeboten verschafft.

Es ist Samstag, als wir Klaus treffen, und samstags ist in seinem Turmhaus im münsterländischen Südlohn die Hölle los. Als wir dort ankommen, führt der Firmengründer gerade eine Besuchergruppe durch das Café, vorbei an der Theke mit vielen süßen Köstlichkeiten, leitet sie durch das Bistro, direkt hinein in das Herzstück, die Pralinenmanufaktur. Diese ist nicht zufällig hinter Glas: Klaus will seine Gäste Anteil haben lassen an seiner Leidenschaft, an der Kunst der Pralinenherstellung. Und er will ihnen zeigen, dass hinter jeder Praline Leistung steckt. Leistung, die eben auch ihren Preis hat.

Wir sitzen auf Holzstühlen mit Lederbezügen, zum Kaffee serviert Klaus keine in Plastik verpackten Kekse, sondern die besten Pralinen des Monats. Man sagt, ein Lachen sei ansteckend. Spätestens nach wenigen Minuten wissen wir: Begeisterung ist es auch. Klaus redet von seinem Pralinenclub wie von einer Frau, mit der er zwar schon zehn Jahre liiert, aber in die er noch immer über beide Ohren verknallt ist. Für uns ist dieses Gespräch wie ein Seminar über das Glück des Gründens, und Klaus ein überragender Dozent darin. Es ist ein Seminar, das wir an wohl kaum einer Universität hätten belegen können, für das wir kein

Zertifikat und keine Urkunde erhalten, aber das uns inspiriert und für unser eigenes Projekt Mut macht – und das uns zwei wichtige Lektionen für unseren weiteren Weg schenkt: Denke immer erst an den Nutzen des anderen, bevor du in ein Verhandlungsgespräch gehst. Sobald dein Gegenüber einen konkreten Nutzen in einer Zusammenarbeit sieht, wird es zu einem Handschlag kommen. Anders formuliert: Das Leben ist ein Geben und Nehmen. Denke erst über das Geben nach, nicht über das Nehmen! Es klingt so einfach, und dennoch kann es – wenn es darauf ankommt – ganz schön mühsam sein.

Die zweite Lektion ist ähnlich einfach und zugleich so schwer umzusetzen. Sie lautet: Tue regelmäßig Dinge, die völlig utopisch sind, von denen neun von zehn schiefgehen, aber der zehnte Versuch dich fulminant nach vorne bringt. Egal, wie viel gerade zu tun ist, nimm dir die Zeit, um zu träumen – nicht konkret zu planen, sondern so unrealistisch wie möglich dabei zu denken. Je tiefer du im Alltag versinkst, umso wichtiger ist dieser Rat – und gleichzeitig ist er dann am schwersten umzusetzen.

So unrealistisch wie möglich zu denken? Träumen statt planen? An diese Sichtweise mussten wir uns erst gewöhnen, doch sie sollte sich in den kommenden Monaten noch auszahlen. Sei unrealistisch, sei ein Träumer – und schau, was passiert.

5

EVA KRSAK TRÄUMT SEIT IHRER JUGEND VOM EIGENEN MODE-LABEL. KURZ NACHDEM SIE ES GRÜNDET, KLEIDET SIE BEREITS PROMINENTE WIE HEIDI KLUM EIN. DOCH BEINAHE WÄRE DER TRAUM ZUM ALPTRAUM GEWORDEN.

HINFALLEN, AUFSTEHEN, KLEID-CHEN RICHTEN, WEITERLAUFEN!

Eine Sportlerin gibt nie auf, selbst dann nicht, wenn sie gar keinen Sport mehr macht. Eva Krsak ist sechzehn, als sie das, wofür sie lebte und jede freie Minute hart arbeitete, hinter sich lässt, hinter sich lassen muss: die rhythmische Sportgymnastik. Die Münchnerin gehört da noch zur deutschen Elite. Sie ist bereits dreizehn Mal bayerische Meisterin und einmal deutsche Vizemeisterin, als sie mit grippeähnlichen Symptomen zum Arzt geht. Seine Diagnose: Pfeiffersches Drüsenfieber. Ein Jahr Pause – kein Sport, keine Siege, kein Fortschritt. Im Spitzensport kann das genügen, um für immer den Anschluss zu verlieren.

Eva Krsak ist sechzehn, als sie das, wofür sie fortan leben wird und wofür sie jede freie Minute hart arbeiten wird, in die Wege leitet. »Ich möchte gerne neben der Schule bei Ihnen als Verkäuferin arbeiten«, sagt Eva unbekümmert. Sie ist blond, blauäugig, eine Augenweide. Das kümmert die Chefin der Münchner Filiale einer großen Modekette wenig: »Wir nehmen nur Leute mit Erfahrung.« »Das finde ich ungerecht. Wie soll ich Erfahrung sammeln, wenn alle Erfahrung voraussetzen?«, fragt Eva hartnäckig und setzt noch einmal an: »Ich will lernen, ich werde Ihnen immer zuhören. Ich bin auch zuverlässig, diszipliniert. Das verspreche ich. Geben Sie mir bitte acht Wochen Zeit, mich zu beweisen.« Fast eine halbe Stunde geht das so. Bitten, ablehnen, argumentieren, wieder ablehnen, neuer Anlauf. Eine Sportlerin gibt nie auf. Irgendwann stimmt die Chefin tatsächlich zu.

Leistungssportler lernen früh, worauf es ankommt: Du musst Lust auf Erfolg haben, nicht Angst vor der Niederlage. Dieser

Gedanke stärkt dich und gibt dir den Antrieb, den du brauchst, um voranzukommen. Er hilft dir, Täler zu durchschreiten, ohne vor dem nächsten Gipfelanstieg zu kapitulieren. Lerne also von den Sportlern. Denn auch du wirst auf deinem Weg nichts geschenkt bekommen – weder im Sport noch im Job, und leider auch nicht bei dem Versuch, nebenher dein eigenes Ding zu machen. Und gib dein Ziel nur dann auf, wenn du dich bewusst dafür entscheidest, es nicht mehr erreichen zu wollen. Eva kennt das Spiel des positiven Denkens. Ab jetzt verfolgt die Sportlerin, ebenso zielstrebig, ein neues Ziel: Sie will in der Modewelt Fuß fassen.

Evas Tipp

Sammle Erfahrung, denn ohne Erfahrung geht es in keiner Branche. Der erste und einfachste Schritt ist der, den ich gegangen bin: Arbeite als Verkäuferin in einem Modegeschäft. Da lernt man Mode von der Pieke auf. Das geht wie bei mir auch neben der Schule oder dem Studium.

Ein halbes Jahr nach dem Gespräch wird Eva, die in der Schule einmal sitzen bleibt, zur stellvertretenden Leiterin der Filiale ernannt. In den Sommerferien, wenn die Chefin verreist, schmeißt sie den Laden. Sie rechtfertigt Einkäufe vor der Firmenzentrale und sagt Mitarbeiterinnen, die vom Alter her ihre Mutter sein könnten, wo es lang geht.

Das bleibt nicht unbemerkt: Mit achtzehn wird sie abgeworben – vom Luxuslabel Armani. Einige Monate später macht Eva ihr Abitur, entwirft das Kleid für den Abschlussball selbst und erntet Komplimente. Sie solle doch ihr eigenes Modelabel gründen, rät damals ihre Deutschlehrerin.

Zehn Jahre später sitzt Eva Krsak in ihrem eigenen Showroom, einem strahlend weißen Vorführraum in München-Schwabing. Die Mitte des Raumes beherrscht ein weißer Schreibtisch, vor den Wänden stehen Kleiderständer. An den Bügeln hängt die Mode der nächsten Saison: Abendkleider, Cocktailkleider, Oberteile. Die meisten sind schmal und sexy, in grellen Farben, andere elegant, damenhaft. Mit sechsundzwanzig Jahren hat Eva ihr Modelabel Just Eve gegründet und bereits Prominente wie Heidi Klum und Bar Refaeli eingekleidet. Doch diese Geschichte ist keine, die einem Schnittmuster folgt, geschweige denn so geradlinig verläuft wie die Nähte an Evas Kleidern – dies ist eine Geschichte übers Durchbeißen, übers Hinfallen und Wieder-Aufstehen, über rote Teppiche und schlaflose Nächte.

Evas Tipp

Es spielt eine große Rolle, in welcher Stadt du ein Modelabel gründest. Ich würde jedem empfehlen: zieh in eine Großstadt. Natürlich geht es auch anderswo, aber in der Provinz tun sich Gründer deutlich schwerer. In München, Hamburg oder Berlin wohnen die Menschen, die diese Mode tragen.

Mode, auf jeden Fall Mode. Eva weiß sehr früh, wofür ihr Herz schlägt. Als Kind schneidet sie dutzendweise Kleider aus Frauenzeitschriften aus und klebt sie in ein Fotobuch. Als Jugendliche spart sie das Geld, das sie als Verkäuferin im Modegeschäft verdient, und investiert es in Markenklamotten. Als junge Frau fängt sie an zu modeln und arbeitet weiterhin zwanzig Stunden pro Woche für Armani – Wochenenden und Ferien inklusive. »Das hat sich für mich nie wie Arbeit angefühlt. Es war Spaß, eine Leichtigkeit«, sagt Eva heute. Sie häuft in diesen Jahren enormes Wissen über die Modebranche an: über den Vertrieb, den Einzelhandel, den Verkauf, die PR, die Models. Sie lernt in der Praxis alles, was eine Modedesignerin wissen muss. Doch als sie ihr Abitur geschafft hat, sagen ihre Eltern: »Mach was Vernünftiges!« Sie tut es, entscheidet sich gegen ihr Herz und mit dem Kopf. Sie studiert Öffentlichkeitsarbeit und Journalismus und hält sich die Hintertür zur Modewelt offen: Wenn schon nicht Modedesignerin, dann wenigstens Modejournalistin.

Herbst 2010, noch wenige Wochen bis zu den Abschlussprüfungen. Eva reist mit Freunden nach Kroatien, noch ein letztes Mal ausspannen, bevor es ernst wird. Sie lachen, trinken und philosophieren über Leidenschaft und Berufung. Es ist zwei Uhr nachts, sie prosten sich bei einem Glas Rotwein zu, als einer ihrer Freunde den Finger in die Wunde legt: »Eva, du hast doch so viel Erfahrung. Warum machst du nicht endlich ein Modelabel auf?« Eva erschrickt, ihr Traum, den sie noch immer mit sich herumträgt, ist plötzlich Thema. »Nichts lieber als das«, weicht Eva aus, »aber ich wüsste doch noch nicht einmal, wo ich produzieren sollte.«

Diese Ausrede lassen ihre Freunde nicht mehr gelten – zu oft haben sie diese gehört. Diesmal haben sie eine Antwort parat: Sie erzählen ihr von Bekannten aus der Slowakei, die Herrenbekleidung vertreiben: »Denen stellen wir dich vor!« Eva zögert zunächst, erkennt aber die Chance und sitzt ein paar Tage später nicht im Flieger nach Deutschland, sondern im Auto in die Slowakei. »Das trifft sich gut«, sagen die Slowaken, als die Sechsundzwanzigjährige vor ihnen steht, »wir müssen nächste Woche ohnehin nach Hongkong zu unserer Produktionsstätte. Komm doch einfach mit.« »Das geht nicht«, erwidert Eva überrascht. Doch der erste Schreck weicht der Erkenntnis: Es ist noch genug Zeit bis zu den Abschlussprüfungen. Eine Woche später steht Eva am Check-in-Schalter des Münchener Flughafens. Ziel: Hongkong.

Eva kommt aus einem behüteten Elternhaus. Ihr Vater ist Unternehmer, ihre Mutter kümmert sich hauptsächlich um die Erziehung. Eva weiß dank der rhythmischen Sportgymnastik früh, wie es ist, Erfolg zu haben, und sie weiß, was man tun muss, um ihn zu erlangen: früh aufstehen und früh schlafen gehen, Entbehrungen in Kauf nehmen, sich freiwillig quälen und bis zur völligen Erschöpfung trainieren. Dann die Wettkämpfe: Konzentration, Nervosität und oft genug Erfolg, der Lohn für all die

Plackerei. Sie lernt früh: Über die eigenen Grenzen zu gehen, sich durchzubeißen, kann viel Spaß machen.

Eine Sportlerin erschrickt selbst dann nicht vor großen Aufgaben, wenn sie gar keine Sportlerin mehr ist. Die Produzenten, die sie durch die Slowaken kennenlernt, erweisen sich als wenig hilfreich. Sie stellen ausschließlich Herrenbekleidung her, von hochwertiger Damenrobe haben sie wenig Ahnung. Nun ist sie wieder auf sich alleine gestellt. Sie will ins chinesische Hinterland, fernab der touristischen Pfade, dorthin, wo in Industriegebäuden aus einem einzigen Schnittmuster Massenware entsteht, in eine Einöde, wo der Glamour der Modewelt nie ankommen wird. Irgendwann steht sie, das blonde Mädchen aus Deutschland, tatsächlich vor den Produzenten. Diese fragen: »Warum wollen Sie denn eigene Kleider entwerfen?« Und sie deuten auf Kleider anderer Hersteller: »Wir können da problemlos Ihr Label aufdrucken.« Für Eva bricht eine Welt zusammen. Sieht sie also so aus, die von ihr geliebte Modewelt? »Bedeutet das«, fragt sie, »dass Sie auch auf meine Kleider andere Labels drucken würden?« Der Mann nickt.

Ein anderer Tag, ein anderer Produzent. »Wie viele Kleider wollen Sie denn produzieren?«, fragt der Mann. »Etwa zwanzig«, überschlägt Eva. Der Mann lacht. »Wir brauchen große Stückzahlen. Nur dann können wir preisgünstig produzieren«, erklärt der Chinese. »Irgendwann werde ich aber vielleicht mehr produzieren, vielleicht fünfzig. Sie haben die Chance, mit mir groß zu werden.« Der Mann lacht wieder. Fünfzig Kleider herzustellen, ist für die Chinesen genau so, als würden Volkswagen oder Mercedes fünfzig Autos produzieren – nicht kostendeckend, geschweige denn lukrativ. Es ist eine ernüchternde Reise in das Hinterland der Modewelt. Nach einer Woche hat Eva zwar einige Lieferanten an der Hand, aber kein gutes Gefühl.

Zurück in der Heimat macht sie ihre Abschlussprüfungen – bis auf die Diplomarbeit, die steht noch heute aus. Denn alles geht auf einmal viel schneller, als Eva für möglich gehalten hat. Einen Monat später fliegt sie erneut nach Hongkong, begleitet von ihrer Mutter. Diesmal zur dortigen Fashion-Week, wieder mit der Hoffnung im Gepäck, den alles entscheidenden Kontakt zu knüpfen. Doch wieder endet es enttäuschend, wieder hört sie: »Wenn Sie mögen, drucken wir Ihr Label auf die Kleider. Suchen Sie sich welche aus.«

Am Abend schmeißt Eva alle Visitenkarten in den Mülleimer ihres Hotelzimmers. Sie ist frustriert, bleibt die ganze Nacht wach, verzagt. Ihre Mutter fischt die Kärtchen am nächsten Morgen aus dem Müll. »Wir gehen da noch mal hin«, sagt sie. Eva folgt lustlos. Doch was dann passiert, klingt wie aus dem Drehbuch eines kitschigen Vom-Tellerwäscher-zum-Millionär-Films. Nach weiteren Stunden der Ernüchterung klagt Eva: »Komm, Mama, das bringt hier nichts.« Da dreht sich ein Mann zu ihr um, spricht sie auf Deutsch an: »Was suchen Sie?« Eva antwortet: »Jemanden, der meine Kleider produziert.« Der Mann ist einundsechzig Jahre alt, ein Norweger mit österreichischen Wurzeln, lebt auf Bali, hat ein eigenes Atelier und Mitarbeiter, die für ihn Tanzkleider produzieren. Sie reden und reden und reden. Am Ende hat Eva das, was sie gesucht hat: einen Produzenten und das richtige Gefühl bei der Sache. Dies ist die Geburtsstunde des Labels Just Eve.

Um jedoch eine Kollektion verkaufen zu können, muss sie erst einmal hergestellt werden. Das kostet Geld, in Evas Fall mehr als hunderttausend Euro. Doch eine Bank leiht einer jungen, unbekannten Unternehmerin nicht einfach so viel Geld, schon gar nicht für Mode. Crowdfunding wäre vielleicht eine Idee, aber das steckt 2009 noch in den Kinderschuhen. Doch Eva hatte etwas Geld gespart, durchs Modeln und durch ihre Arbeit als Verkäuferin. Den größten Teil aber leiht sie sich bei ihrer Familie.

»Da begannen meine schlaflosen Nächte«, erzählt sie, »aber ich wusste immer: Sollte das nicht klappen, gehe ich arbeiten und zahle meinen Eltern alles zurück.«

Evas Tipp

Anfangs geht es noch ohne finanzielle Mittel, der Rest leider nicht. Du musst ein Atelier mieten, Muster und Stoffe kaufen, Etiketten drucken und die Kleider produzieren. Bis du einen Produzenten gefunden hast, fallen zudem noch Reisekosten an, obendrauf kommt noch der Zoll. Eine Modelagentur kann man vielleicht ohne Startkapital gründen, ein Modelabel aber nicht.

Die Modewelt ist nur von außen eine Glamourwelt. Das ahnte Eva schon, bevor sie ein eigenes Label hatte. Sie würde hart arbeiten müssen, das war klar. Aber so hart? Sieben Tage die Woche, sechzehn Stunden am Tag? Und wieder sagt sie: »Es war Leichtigkeit, meine Leidenschaft, keine Arbeit.« Ein Modelabel zu gründen, ist das eine. Es bekannt zu machen, das andere. Die Goldene Regel lautet: Bringe deine Kleider auf die roten Teppiche. Abends, wenn die »Arbeit« erledigt ist, geht sie deshalb in ihren eigenen Kleidern zu kleineren Veranstaltungen wie Jubiläen, Einweihungen und Bällen – eben dorthin, wo ihre Kundschaft feiert, wo sie sich gegenseitig streng begutachten und sich Extravaganz gerne etwas kosten lassen. Nur – wie kommt sie zu den großen Events?

Viele Kontakte hat Eva anfangs nicht, aber eine Türöffnerin: die Schauspielerin Alexandra Rietz, bekannt als Ermittlerin aus der Serie »K11 – Kommissare im Einsatz«. Was ein Mentor in anderen Branchen ist, ist eine Prominente in der Modewelt. »Ohne Alex hätte es sicher länger gedauert durchzustarten«, gibt Eva offen zu. Schnell kommen weitere prominente Frauen hinzu: Andrea Kaiser, Liliana Matthäus, Claudia Effenberg. Sie leihen sich kostenlos Evas Kleider, die ansonsten bis zu tausend Euro kosten und die sie auf dem roten Teppich nur ein einziges Mal tragen wollen. Im Gegenzug präsentieren sie diese einer breiten Öffentlichkeit. In der Klatschpresse steht dann im Idealfall als Bildunterschrift: »Andrea Kaiser (in einem Kleid von Just Eve)«. Eva besitzt mittlerweile eine dicke Mappe mit Fotos aus Magazinen, auf denen Prominente in ihren Kleidern posieren. Auch ein doppelseitiges Foto vom Deutschen Fernsehpreis ist dabei, der Beisatz: »Tina Kaiser im schönsten Kleid des Abends.« Für eine Modedesignerin ist das die beste Werbung, die es gibt.

Doch das ist nur das eine Terrain, auf dem sich Eva bewegen muss. Die Basis ihres Unternehmens spielt im Einzelhandel. Dort hängen ihre Kleider, dort verdient sie Geld. Doch wie kommen die Kleider einer Designerin, die noch niemand kennt, auf die Kleiderbügel der Fashion-Läden? Es liegt nahe und wirkt doch so abwegig: Sie fährt durch Deutschland und bietet Laden für Laden ihre Kollektion an. Klinkenputzen nennt man das. Meist wird sie abgewiesen: kein Bedarf. Anfangs versucht sie noch, Termine vorab per Telefon zu vereinbaren, doch alle blocken sie ab. Also fährt sie direkt zu den Händlern, eine Ochsentour.

Nun tut sie etwas, das für ein Start-up wichtig ist: Sie fragt andere um Hilfe. Ein Außendienstler schult sie, geht mit ihr zusammen in die Läden, holt Evas Kleid aus seiner Tasche und sagt: »Was ihr hier habt, ist alles Mist. Ihr braucht das hier!« Die Methode wirkt, Evas Produkt hebt sich von anderen ab, und sie lernt, dass freches, forsches Auftreten ein Erfolgsrezept des Verkaufens ist. Als Eva das Prinzip vermeintlich verstanden hat, wartet der Verkaufsprofi beim nächsten Händler im Auto. Eva, die hartnäckige Geschäftsfrau, kehrt nach fünf Minuten frustriert zurück. »Was machst du schon hier?«, fragt er, worauf sie erwidert: »Sie wollen meine Sachen nicht.« – »Das weißt du nach fünf Minuten? Da fängt das Gespräch erst an!«, sagt er.

Eva geht wieder hinein. Bitten, ablehnen, argumentieren, wieder ablehnen, neuer Anlauf.

Die Mühen lohnen sich: Nach wenigen Wochen hat Eva ein Netz aus Läden, Lieferanten, Produzenten, Außendienstlern und Vertretern gespannt. Just Eve schießt nach oben, ist nach nur einem Jahr präsent in Magazinen und auf den roten Teppichen des Landes. Doch der Aufstieg wird abrupt gebremst. Es ist Ende 2011, als sie von einem ihrer Vertreter hintergangen und daraufhin auch noch von einem französischen Lieferanten verklagt wird. Eva ist verzweifelt, hat Existenzangst, schläft nächtelang nicht. Ihrem Anwalt gelingt es, ein langwieriges Gerichtsverfahren abzuwenden, immerhin. Den Lieferanten aus Frankreich verliert sie trotzdem, und das Geld, das der Vertreter eingesteckt hat, hat sie bis heute nicht zurück. Doch eine Sportlerin trauert keiner Niederlage hinterher, sondern stürzt sich in den nächsten Wettkampf – selbst dann, wenn sie keine Sportlerin mehr ist.

Eva berappelt sich, und 2012 scheint zunächst ein gutes Jahr zu werden: Die Kollektion schlägt ein, Prominente stehen Schlange. Nun entscheidet Eva, wer die Kleider tragen darf und wer besser nicht. Wer sie wohlbehalten zurückbringt, bekommt bei der nächsten Veranstaltung wieder eines – und manch Prominente geht fortan leer aus. Eva, die in Österreich studiert hat, ist im Nachbarland zu diesem Zeitpunkt schon selbst eine Prominente. Der Wiener Opernball-Gastgeber Richard Lugner will mit ihr Fotos machen, die österreichische Version der Fernsehshow »Let's dance« bittet um ihre Teilnahme, und in einer Castingshow, in der »Miss Earth« gesucht wird, sitzt sie in der Jury. In Österreich hat sie nicht nur eine Marke, da ist sie bereits eine.

Die Erfolgskurve zeigt gerade wieder nach oben, als sich die nächste Katastrophe anbahnt: Im August 2012 geht ihre gesamte Kollektion auf dem Weg von Bali verloren, ausgerechnet in

Deutschland auf dem letzten Teilstück vom Frankfurter Flughafen nach München. Dreißig Kartons à dreißig Kilo mit insgesamt achthundert Kleidern – ein Verkaufswert von etwa einer halben Million Euro. Der Spediteur behauptet, er wisse gar nicht, ob die Pakete überhaupt auf seinen Lkw geladen wurden. Tage vergehen, dann Wochen – die Lieferung bleibt verschwunden. Schließlich ergreift Eva den letzten Strohhalm und schaltet einen Privatdetektiv ein. Doch auch der findet nichts. Die Insolvenz droht, Eva geht nicht mehr ins Büro, ihr fehlt einfach die Kraft. Ihr Traum droht erneut zu platzen, und wieder trägt sie keine Schuld an dem Debakel. In der Zeit ihrer größten Krise hält ihr Bruder die Stellung. »Die Familie war mein Rückhalt. Ohne sie hätte ich das nicht geschafft«, sagt sie heute. Eines Tages, endlich, meldet sich der Detektiv: Es gebe ein Formular des Flughafens, das bestätige, dass der Fahrer zwei beschädigte Pakete von Just Eve angenommen habe – zwei Pakete, die angeblich nie auf den Lkw geladen worden waren. Der Detektiv schreibt eine unmissverständliche Mail an die Spedition: Wenn die Pakete nicht bis zum folgenden Tag um achtzehn Uhr in München bei der Designerin seien, werde seine Mandantin sie verklagen. Um halb drei schon fährt der Speditionsbetrieb mit einem Lkw vor – die Pakete sind, quälende sechs Wochen nach ihrem Verschwinden, wieder da.

Ein Happy End ist das noch nicht: Viele Händler haben zwischenzeitlich wutentbrannt ihre Bestellung storniert. Eva steht vor einem Scherbenhaufen und einer gewaltigen Überproduktion. Doch sie glaubt an sich, ihre Idee und ihr Talent, Kleider zu entwerfen, die gut ankommen. Sie mache Mode für Männer, sagt sie: »Wenn der Mann die Frau in ihrem Kleid sexy findet, sie nicht von seiner Seite lässt, dann gibt dies der Frau wiederum ein tolles Gefühl.« Wieder muss sie Klinken putzen und Läden finden, die ihre Kleidung verkaufen. Zudem organisiert sie einen Lagerverkauf: Dreihundert Frauen kommen in ihren

Showroom, die Überproduktion schmilzt. Zu dieser Zeit arbeitet sie wie eine Maschine. Das sollte sich später rächen.

Evas Geschichte ist eine von vielen Aufs und Abs, vom Hinfallen und immer wieder Aufstehen. Sie erzählt aber auch von diesen magischen Momenten, die immer dann kommen, wenn man sie am wenigsten erwartet. Eines Morgens steht der Visagist von Sylvie van der Vaart unangemeldet im Showroom. Er brauchedringend Kleider für die Aufzeichnung von »Das Supertalent«, sein Flieger starte bald. Eva traut dem Mann nicht, notiert sich zur Sicherheit seine Kreditkartendaten. Ihr guter Glaube in die Menschen ist nach den zurückliegenden Vorfällen arg zerrüttet. Wer mag es ihr verübeln? Doch noch am selben Abend schickt er ihr Fotos auf ihr Handy: Es sind Bilder von Sylvie van der Vaart und Motsi Mabuse in Evas Kleidern. Im Abspann der Sendung wird wochenlang ihr Logo stehen: »Eingekleidet von Just Eve.« Wer schaut denn da überhaupt hin? Offensichtlich viele! In den folgenden Wochen steht das Telefon in Evas Büro nämlich nicht mehr still. Auch die Macher von »Germany's next Topmodel« rufen an und bestellen acht Kleider. Eines davon trägt später Heidi Klum, ein anderes das Topmodel Bar Refaeli. »Das war der Moment, als ich zum ersten Mal dachte: Es läuft!«

Mittlerweile gibt es Kleider von Just Eve in dreißig Läden und in vier Ländern zu kaufen. Eva nimmt wenig Rücksicht auf sich: Morgens um vier, spätestens fünf Uhr wacht sie von alleine auf. Ihre Augen hat sie noch gar nicht geöffnet, da rattert es in Evas Gehirn bereits: Was kommt als Nächstes? Welche Messe, welche Kollektion? Welche Promis brauchen wann ein Kleid? Ihr Terminplan ist nach Quartalen geordnet: Januar bis März ist Messezeit, im April die kreative Phase mit neuen Ideen und Entwürfen, und im Juli beginnt alles wieder von vorne – eben nur mit der Winterkollektion des kommenden Jahres. Dass sie zu viel Gas gibt und Warnzeichen ignoriert, die ihr Körper sendet, rächt sich schon bald. Eva schlittert im Mai 2013 in einen Burn-out. Nichts geht mehr. Sie lässt sich behandeln, verschreibt sich Ruhe und schaltet das Handy aus – einen Monat lang. Ihre Familie und ihre Assistentin springen ein. Eva lernt: Selbstständig zu sein darf nicht bedeuten, alles »selbst« und das »ständig« zu machen. Schwer fällt es ihr aber noch heute zu delegieren.

Heute sagt sie, sie wolle, bis sie vierzig ist, ihr Leben dem Label widmen. Das ist ihr Plan. Sie brennt für Mode, für diese Welt, die so glamourös scheint und die für alle, die hier arbeiten, in Wahrheit eine Knochenmühle ist. Es war immer ihr Traum, Kleider zu entwerfen, und sie lebt diesen Traum. Eine Sportlerin akzeptiert Niederlagen und erinnert sich gerne an ihre Triumphe, um den Mut und die Motivation zu aktivieren, die nötig sind, um weiterzumachen – selbst dann, wenn sie gar keine Sportlerin mehr ist.

Eva ist viel unterwegs. Sie führt ein hektisches Leben zwischen München, Bali und den unzähligen Messe-Standorten. Dennoch freut sie sich über deine E-Mail an office@just-eve.de. Sie bittet jedoch schon jetzt um Entschuldigung, dass Antworten gegebenenfalls auf sich warten lassen können.

Durch die Modewelt zu Freunden geworden: Peyman Amin, ehemaliger Juror bei »Germany's next Topmodel«, mit Eva.

Samstag, 28. September: München

Mittlerweile hat unsere oberste Regel, maximal viel Spaß während des Projekts zu haben, einen feststehenden Namen: »Enjoy the process.« Genieße den Weg zum Ziel, heißt das sinngemäß. Jugendliche würden vielleicht YOLO (»You only live once«) sagen, was bedeutet: Du lebst nur einmal, mach was daraus. Manchmal ist es auch die Aufforderung, nicht zu viel über Konsequenzen nachzudenken und einfach Spaß zu haben. »Enjoy the process« ist ähnlich, aber doch anders: Wie oft hecheln wir Erfolgen hinterher, arbeiten im Leben nur auf ein bestimmtes Ziel hin? Warten auf die nächste Beförderung oder die Rente, sparen für das neue Auto oder eine Traumreise – und vergessen dabei, die Zeit zu genießen, die wir auf dem Weg zu diesem Ziel investieren? Leider viel zu häufig, gerade dann, wenn die Ziele hochgesteckt sind oder zu den bestehenden hinzukommen – wie es bei Nebenprojekten nun mal der Fall ist.

Es ist deshalb kein Zufall, dass wir Eva in ihrer Heimat München während des Oktoberfestes zum Interview treffen. Wenn schon ein Wochenende draufgeht und wir zehn Stunden im Auto sitzen, dann wollen wir aus so einem Trip auch alles herausholen, was geht. Auch Eva geht in diesen Tagen mehr als ein Mal aufs Oktoberfest. Sie weiß ebenso gut, wie sie Spaß und Job geschickt miteinander verbindet. Doch die Welt der Mode und der Promis spielt nicht nur in Festzelten oder auf den roten Teppichen – viele haben davon eine falsche Vorstellung. Als sie die Stelle ihrer Assistentin ausschreibt, bekommt sie unzählige Bewerbungen. Die meisten Bewerberinnen seien mit der Vorstellung gekommen, sie würden nur Prominente ausstatten und Eva auf große Veranstaltungen begleiten.

Das Geschäft mit der Mode aber ist ein Knochenjob, der keine Feiertage kennt und bei dem du nicht nur ständig dem neuesten Trend hinterherläufst, sondern ihm voraus sein musst. Eva lässt sich für ihre neue Kollektion überall inspirieren: auf der Straße, im Fernsehen, auf Veranstaltungen. »Oft denke ich: ›Oh, schickes Kleid, aber das könnte man doch mit ein paar anderen Elementen noch viel schicker machen.‹« Eva lässt sich in unserem Gespräch tief in die Karten schauen, verrät, dass sie einen Vertrag mit einem privaten Fernsehsender geschlossen hat und dass sie davon träumt, ihre Kleider schon bald in Frankreich und Italien zu verkaufen.

Eva kennt als Modedesignerin die Glitzerwelt der Promis gut, doch sie könnte auch Motivationstrainerin sein. Obwohl sie erst Ende 20 ist, hat sie viel gelernt über das Machen. »Wichtig ist, nicht zu viel zu reden, sondern anzufangen. Wenn ich nun zurückblicke, den Erfolg sehe und mir vorstelle, dass ich all das nicht gemacht hätte – damit will ich nicht klarkommen müssen«, sagt sie. Sie habe in dieser Zeit viele Modelabels kommen und gehen sehen, viele haben viel zu früh aufgegeben. »Du musst bereit sein zu kämpfen«, sagt sie, und meint damit: Wenn du den Weg des geringsten Widerstands suchst, solltest du dich nicht selbstständig machen. Widerstände, oh ja, die gibt es, selbst dann, wenn du nur ein Buch schreibst. Es ist nur die Frage, wie du damit umgehst. Habe Lust auf Erfolg, nicht Angst vor Misserfolg. Und genieße den Weg, damit du genügend Energie hast, die Widerstände zu meistern.

6

BEINAHE HÄTTE ALEXANDER HEIL-
MANN GEMEINSAM MIT ZWEI
FREUNDEN DAS NÄCHSTE FACE-
BOOK ERFUNDEN. DOCH ALS IN-
VESTOREN VOR DER TÜR STEHEN,
PLATZT DER TRAUM. ANSTATT ZU
RESIGNIEREN, BEGINNT ER VON
VORNE – UND LERNT ERNEUT: ER-
FOLG IST NICHT.

DENKE GROß, STARTE KLEIN!

Das nächste Facebook zu erfinden, das wäre es! Wie viele träumen von der einen Chance im Leben, die alles verändert. Manche träumen vom nächsten Facebook, das sie gerne erfinden würden, andere vom Lottogewinn, wieder andere von einer Karriere als Profisportler. Reich und berühmt werden, nahezu mühelos – ein Traum. Und alles, was es dazu braucht, ist nur die eine zündende Idee und ein bisschen Glück. Auf beides warten viele vergeblich, ihr ganzes Leben lang.

Alexander Heilmann hat seine ganze Jugend lang davon geträumt, Profibasketballer zu werden. Er meinte es ernst, war groß genug und hatte Talent. Sein Leben bestand aus nichts anderem als ein bisschen Schule und ganz viel Basketball. Er trank keinen Alkohol und ging selten auf Partys. Sein Traum war es immer, in der amerikanischen Basketballliga zu spielen, der NBA, zusammen mit den ganz Großen auf dem Feld zu stehen, deren Namen und Spielstatistiken er im Schlaf aufsagen konnte. Es blieb ein Traum. »Einmal, da wäre ich fast ein NBA-Star geworden, und fast hätte ich meine Idole getroffen«, hätte er irgendwann sagen können – oder müssen.

Alex hat auch nicht das nächste Facebook erfunden, aber ohne Facebook wäre seine Geschichte eine ganz andere. Dann hätte er nicht zusammen mit zwei Freunden das Unternehmen Hike gegründet – das fast eine halbe Million Fans auf Facebook hat. Hike war 2012 zeitweise eines der populärsten Unternehmen auf Facebook, weit vor Weltkonzernen wie Samsung, Skype oder Twitter: Mehr als zwanzig Millionen Menschen kamen damals jeden Monat mit den Produkten von Hike in Berührung. Doch die Geschichte von Hike ist keine Bilderbuch-Erfolgsgeschichte. Als Hike seine größten Erfolge feiert, die Investoren aus dem Silicon Valley und London anrufen, geht es plötzlich ganz schnell – bergab. Was man daraus lernen kann? Erfolg ist nicht planbar, er ist vielmehr das Resultat von viel hätte, vielleicht und könnte.

Hätte Alex in seiner Schulzeit etwas anderes im Kopf gehabt als Basketball, dann wäre sein Leben ein anderes geworden. Sein Vater wollte, dass Alex sich auch für etwas anderes interessiert als nur für Basketball – und schenkt ihm ein Programm, mit dem man Webseiten gestalten kann. Aber Alex interessiert sich für nichts anderes, und so wird seine erste Webseite eine Fanpage für Ray Allen, einen der besten Dreierschützen in der Geschichte der NBA. Er steckt seine ganze Leidenschaft hinein; das ist wichtiger als jede makellose Professionalität. Denn so ist die Seite zwar nicht perfekt, aber sie hat das gewisse Etwas. Es dauert nicht lange, bis Leute aus der ganzen Welt RayAllenToTheMax.com finden – und begeistert sind von den vielen Bildern, Geschichten und Fakten, die Alex dort zusammengetragen hat. Hätte die Seite nicht so viele Besucher angezogen, wäre nicht das Unternehmen aus den USA, das Tickets für Sportevents online verkauft, darauf aufmerksam geworden. Die Firma bietet Alex, der gerade erst siebzehn ist, einen Vertrag an. Er verdient nun etwas Geld mit Werbung – und finanziert damit weitere Fanpages, zum Beispiel über die Basketballlegende Michael Jordan.

Hätte Alex nur eine einzige Seite gehabt, wäre vielleicht alles anders gekommen. So allerdings kommt es, dass bald ein anderes Unternehmen aus den USA auf ihn aufmerksam wird: eine Marketingfirma für Profisportler – fast achttausend Kilometer weit entfernt von seinem Heimatort Bad Ems, im wahrsten Sinne des Wortes mitten in der Prärie. Den CEO dieser Firma aus South Dakota interessiert es wenig, dass Alex nur ein neunzehnjähriger Zivildienstleistender aus Deutschland ist. Er kennt

die verschiedenen Fanpages, die Alex aufgebaut hat und liebevoll pflegt, und er folgt dem Motto: »Your work is your quali-
ty.« Sinngemäß also: »Deine Arbeit zeichnet dich aus.« Genau
aus diesem Grund will der CEO auch Alex und keine etablierte
Webagentur in den USA – jemanden, der mit Herzblut bei der
Sache ist, Erfahrungen in exakt diesem Gebiet hat und vielleicht
auch einfach etwas günstiger ist als ein großes Unternehmen
oder ein etablierter Designer. Kaum zu glauben: Ein neunzehnjähriger Laie aus Deutschland macht die offiziellen Webseiten
von amerikanischen Megastars!

Dieses erste Projekt bringt ihm nicht nur ein unverhofftes »Ta-
schengeld« von fast zwölftausend Dollar ein – für etwas, das er
die letzten Jahre ohnehin bereits neben der Schule gemacht hat.
Es ist außerdem der Startschuss für viele weitere Projekte, die
Alex von nun an für die amerikanische Firma aus dem Wilden
Westen realisiert. So langsam glauben auch die letzten Zweif-
ler, was Alex ihnen erzählt – nämlich, dass die Seiten der Profisportler von ihm sind. Um es seinen Freunden Schwarz auf
Weiß zu beweisen, bringt er seinen Namen im Quellcode der
Webseite unter. Dass genau dieser Clou, dieses »Markenzei-
chen«, ihm später noch nützen sollte, ist zu diesem Zeitpunkt
noch gar nicht abzusehen.

Als Alex den Auftrag aus den USA bekommt und gerade seinen Zivildienst ableistet, geht es ihm wie Tausenden anderen
Jugendlichen in diesem Alter: Er hat keine Ahnung, was er danach machen soll. Studieren? Ja, aber was? Woher soll man das
schon so genau wissen mit achtzehn oder neunzehn, wenn man
außer Schule noch nicht viel erlebt hat? Und so bringt dieses
erste Nebenherprojekt nicht nur Spaß und Geld, es gibt Alex
auch eine neue Richtung. Er will etwas mit Informatik und Design machen, das ist ihm mittlerweile klar, obwohl seine Schul-
noten das sicher nicht nahelegen: Kunst war noch nie sein Ding
und in Informatik hat er im Abi eine Fünf.

Alex studiert Mediendesign in Köln und arbeitet parallel weiter für die amerikanische Firma. Das geht während des gesamten Studiums so: Etwa fünfzig Projekte für US-Sportler entwickelt er in dieser Zeit nebenher. Eine harte Zeit? Sicher. Geht er viel auf Partys? Sicher nicht. Bereut er es? Ein bisschen schon, denn er hat auch einiges verpasst. Würde er es wieder tun? Ganz sicher! Denn die Arbeit bringt ihn nicht nur fachlich und finanziell weiter, sie erfüllt ihm auch seinen Jugendtraum: mit echten NBA-Stars zusammenzuarbeiten – zwar nicht auf dem Spielfeld, aber ähnlich intensiv.

Denn für die Konzeption der Webseiten braucht es den direkten Kontakt zwischen Sportler und Designer: Was möchte der Sportler? Welches Design passt zu seinem Stil, zu seiner Persönlichkeit? Gefallen ihm die Entwürfe? Zur Erinnerung: Alex wollte damals seinen Kumpels beweisen, dass tatsächlich er es war, der die Fanpages gemacht hatte. Das war der Plan, als er seinen Namen und seine E-Mail-Adresse in den Quellcode schrieb. Es gehörte nicht zum Plan, dass sich kurz vor der Diplomarbeit erneut eine amerikanische Firma, die FusionSports Marketing Group, bei ihm meldet, die über genau diesen Quelltext auf ihn aufmerksam geworden ist. So etwas kann man nicht planen, so etwas ergibt sich.

Ähnlich wie beim ersten Mal verkörpert auch der Chef dieser Firma die amerikanische Hemdsärmeligkeit pur – der Gegenentwurf zum Bild eines kleinkarierten deutschen Bedenkenträgers. »Du hast noch kein ›Diplom‹, na und?! Mich interessiert, was du kannst, nicht was auf irgendeinem Zeugnis steht.« Die Chemie stimmt zwischen den beiden Männern aus Bad Ems und Houston, Texas. Die Kombination aus amerikanischer Hey-lass-uns-einfach-loslegen-Mentalität und deutschen Tugenden wie Fleiß, Ordnung und Zuverlässigkeit harmoniert perfekt. Kurze Zeit später fragt der Chef von FusionSports, ob Alex sich nicht vorstellen könnte, als gleichberechtigter Partner einzusteigen. Alex fackelt nicht lange und steigt ein. Einfach mal machen, das ist ihm sympathisch, das kann er auch.

Als offizieller Partner innerhalb von FusionSports ist Alex nun noch näher dran an den Idolen seiner Kindheit. Er ist häufig in den USA und trifft seine Stars sogar persönlich, zum Beispiel bei Fotoshootings in deren Zuhause oder bei Premierenpartys zum Launch der Webseiten. Diese Partys sind genauso amerikanisch, wie man es sich vorstellt – mit Models, Limousinen, rotem Teppich und lauter Stars. Und Alex, eingeflogen aus Bad Ems, ist mittendrin.

Alex ist damit seinem Kindheitstraum näher, als er selber je gehofft hatte und als manch anderer es jemals schafft. Im Rückblick scheint sein Weg logisch: als hätte es eh so kommen müssen. Aber so war es nicht, es war weder absehbar noch planbar. Um dorthin zu kommen, wo Alex mit seinen fünfundzwanzig Jahren steht, brauchte es sicher auch einige gute Ideen und eine ordentliche Portion Glück – Dinge, auf die viele ihr ganzes Leben warten, während sie ständig auf das nächste Facebook oder den dicken Lottogewinn hoffen.

Der Unterschied? Viele realisieren leider nie, dass das nächste Facebook oder der Lottogewinn schöne Ziele sind, und dass es dafür Glück und gute Ideen braucht, aber dass es sehr viel wichtiger ist, erst einmal anzufangen. Nur wer sich die Mühe macht, loszufahren und einen Lottoschein zu kaufen, spielt überhaupt mit.

Und nur wer sich die Mühe macht, etwas zu starten, was das nächste Facebook vielleicht werden könnte, kann Erfolg haben. »Glück ist, was passiert, wenn Vorbereitung auf Gelegenheit trifft« ist ein zweitausend Jahre altes Zitat. Nichts Neues, vielleicht hast du es auch schon unzählige Male gehört. Manche hören darüber hinweg, halten es für bedeutungslos und abgedroschen – und warten weiter auf die eine, zündende Idee.

Das nächste Kapitel schlägt Alex im April 2010 auf. Es ist das Kapitel Hike, über dass er später sagen wird: »Und einmal, Kinder, da hätte ich fast das nächste Facebook erfunden.« Facebook ist mittlerweile ein Massenphänomen, und Alex ist sich bewusst, dass es für Spitzensportler nicht mehr ausreicht, nur mit einer eigenen Webseite vertreten zu sein. Es müssen deshalb hochwertige Seiten auf Facebook her – eigentlich kein Problem für FusionSports und Alex. Doch anfangs hat er keine Ahnung, was auf Facebook geht und was nicht. Es ist Neuland für ihn, aber kein Grund zu resignieren, sondern sich voll reinzustürzen. Alex will das Rad nicht neu erfinden und begibt sich auf Entdeckungstour: Was machen andere? Wie machen sie es? Wie machen es die mit mehr Mitarbeitern und mehr Geld? Was kann Nike, was ich nicht auch kann? Oder kann ich es – wenn ich das Rad nicht neu erfinde, sondern einfach nur ein Stück weiterdrehe?

Was Alex bei den großen Firmen entdeckt, reicht weit über die Welt des Sports hinaus. Facebook-Seiten lassen sich inzwischen individuell gestalten, ideal für aufwändige Startseiten, Gewinnspiele oder Aktionen. Diese sogenannten Facebook-Apps sind der heißteste Trend dieser Zeit. Der größte Clou: »Likes«, auf Facebook das höchste Gut für Unternehmen, lassen sich damit spielend leicht generieren. »Sie möchten an unserem Gewinnspiel teilnehmen? Gerne, dann klicken Sie bitte auf Like, und wir leiten Sie weiter!«

Das nennt sich in der Fachsprache Fangate – nur wer auf »Like« klickt, erhält Eintritt. Fan zu werden kostet nichts und dauert keine Sekunde. Für die Unternehmen hingegen sind diese »Likes« Gold wert, und machen Fangates zur Gelddruckmaschine. Es haben sich bereits Anbieter solcher Facebook-Apps mit Fangates etabliert, Alex ist also nicht der Erste, der das Potenzial der Idee erkennt. Also fragt er sich wieder: Was kann ich anders, besser machen? Er erkennt, wie das Rad weitergedreht werden müsste, um besser als die anderen, die Großen, zu sein: Es liegt am Design. Es liegt daran, dass den Großen das gewisse Etwas fehlt. Alles sieht 08/15 aus, außer man nimmt richtig viel Geld in die Hand – und das wollen oder können viele nicht. Dies ist Alex' Ansatzpunkt: gut, schön und günstig muss es sein. Ein simpler Ansatz, den manch einer ebenfalls für abgedroschen halten mag, ohne seine echte Bedeutung zu erfassen. Zusammen mit zwei Freunden, einem weiteren Designer und einem Entwickler, gründet Alex Hike.

Sie bieten verschiedene Facebook-Apps an, die sich bereits in der kostenlosen Variante durch eine ausgesprochen dezente, kaum erkennbare Werbung auszeichnen – und die einfach gut aussehen. Daneben gibt es komplett werbefreie Seiten, die aussehen, als seien sie für einige tausend Euro von einer großen Agentur gemacht. Es ist ein hochwertiges, individuell wirkendes Produkt, doch eigentlich ist es ein Massenprodukt, das sie ihren Kunden günstig anbieten können – und das weltweit!

Keine zwei Jahre nach der Gründung von Hike gehören bereits Weltunternehmen wie Starbucks, Sony, Blizzard und Adidas zu den Kunden des kleinen Unternehmens. Daneben nutzen mehr als hunderttausend kleine und mittelständische Unternehmen die Facebook-Apps, um für kleines Geld ihre Seiten auf Facebook zu promoten. Hike besteht zu diesem Zeitpunkt immer noch aus nur drei Leuten. Wie aber konnten die Jungs so schnell so groß werden, ohne einen einzigen Cent in Werbung zu investieren?

Die Antwort: Sie benutzen ihr eigenes Produkt – Facebook-Apps mit Fangates. »Sie wollen unser Produkt kostenlos testen? Kein Problem, allerdings stellen wir diesen Service nur unseren

Fans zur Verfügung.« So einfach kann es sein, eine Win-win-Situation herzustellen.

Die Nutzer sind glücklich über den kostenlosen Service, und Hike kann sich über rasant wachsende Fanzahlen freuen. Und jeder neue Fan, jedes neue Like, erzeugt Resonanz auf Facebook: So bringt jeder neue Fan, selbst wenn er Hike-Produkte nur kostenlos nutzt, weitere potenzielle Kunden mit – Freunde werben Freunde im Web 2.0.

Anfang 2012 ist es an der Zeit, den nächsten Schritt zu machen. Die drei bewerben sich mit ihrem Geschäftsmodell bei HackFwd, dem Inkubator des Gründers von Xing, Lars Hinrichs. Ein Inkubator gibt Start-ups Starthilfe in Form von Geld und Beratung. Doch Geld ist für die jungen Gründer gar nicht entscheidend, vielmehr suchen sie qualifizierte Unterstützung für ihren weiteren Weg. Wie schaffen wir es, richtig groß zu werden? Das ist die Frage, die sich die drei damals stellen.

Fast 400 Unternehmen bewerben sich bei HackFwd, nur zwölf werden überhaupt eingeladen. Alex und seine Freunde sind dabei. Wieder zeigt sich: Nur wer mitspielt, kann gewinnen, mögen die Chancen noch so gering scheinen. Und es kommt noch besser: Hike gewinnt als einziges von den zwölf Unternehmen den Vertrag mit HackFwd – es hätte kaum besser laufen können. Hike ist zu diesem Zeitpunkt auf seinem Zenit angekommen. In der Präsentation zeigt Alex der Jury Nutzerzahlen vom Morgen desselben Tages und weiß, dass sie bereits wieder gestiegen sein müssten. Er pokert und sagt: »Hey, die Zahlen sind ja nun schon alt. Lasst uns doch live in die Statistik gucken!« Es waren bereits neuntausend Nutzer mehr! Zu diesem Zeitpunkt kommen über zwanzig Millionen Nutzer jeden Monat in Kontakt mit den Facebook-Apps von Hike. Es ist kaum zu fassen, weder für die drei Jungs noch für die Jury.

Hike gewinnt den Vertrag, erbittet sich jedoch etwas Bedenkzeit: Sollen wir wirklich Anteile abgeben oder lieber noch etwas warten? Dass durch die unfassbaren Nutzerzahlen, die öf-
fentlich im Internet verfügbar sind, auch andere auf das Start-up
aufmerksam werden, macht die Entscheidung nicht leichter.
Während der Woche Bedenkzeit rufen Investoren aus dem Silicon Valley und aus London an. Sie können ebenfalls kaum
glauben, dass hinter solch beeindruckenden Zahlen ein Drei-
Mann-Team steckt, und sind davon eher abgeschreckt: Venture-
Capital-Firmen sind zwar bereit, Millionen zu investieren, aber
lieber später, mit weniger Risiko und gewisseren Aussichten.
Ein so früher Einstieg wäre zwar denkbar, aber ungewöhnlich
für die großen Firmen. Es kommt zu Gesprächen, aber natürlich
nicht sofort zu einem Deal. Als die Bedenkzeit nach einer Woche ausläuft, pokern die Jungs nicht mehr: Sie entscheiden sich
für HackFwd und gegen andere Investoren.

Nur wenige Tage nach der Vertragsunterzeichnung ist Lars Hinrichs, der Gründer von Xing, am Telefon: In Amsterdam finde die The Next Web Conference statt, eine Veranstaltung für
Webunternehmen. Hier treffe sich die Crème de la Crème und
diskutiere die neuesten Trends und Entwicklungen. Natürlich
ist das Event bis auf den letzten Platz komplett ausverkauft,
doch Lars Hinrichs macht es möglich: »Zwei von euch müssen
da hin.« In Amsterdam führt Alex unzählige Gespräche, trifft
spannende Menschen, die Stars der Szene. Am Abend sind die
Hike-Jungs bei Facebook Europe eingeladen, auf eine Party in
einer eigens angemieteten Bar.

»Ihr seid von Hike?«, heißt es dort immer wieder. »Klar kennen wir euch. Ihr macht richtig coole Sachen!« Die beiden
Jungs kommen aus dem Staunen kaum heraus, bis im Laufe
des Abend plötzlich dieser Satz fällt: »Nur ein bisschen spät
dran seid ihr.« Spät dran? Sicher nicht, eher kurz davor, bevor
es richtig abgeht! Doch was die Hike-Gründer in Amsterdam

erfahren, zieht ihnen den Boden unter den Füßen weg: Facebook steht kurz davor, die sogenannte Timeline-Ansicht zur Pflicht für alle Nutzer zu machen. Was das bedeutet, ist den beiden sofort klar: Diese Timeline-Ansicht ist nämlich nicht individualisierbar, und damit ist es nicht mehr möglich, eine eigene Startseite auf Facebook zu haben! Die Facebook-Apps, die aufwändig designten Seiten, für Gewinnspiele und Aktionen der Unternehmen werden an Bedeutung verlieren, weil sie nur noch einer von vielen Menüpunkten der standardmäßigen Timeline-Ansicht sind. Diese Umstellung bedeutet definitiv das Ende des rasanten Aufstiegs von Hike.

»Und einmal, da hätte ich fast das nächste Facebook erfunden«, ist das Synonym für all das, was Alex auf der Heimfahrt von Amsterdam nach Bad Ems durch den Kopf geht. Es hätte wirklich klappen können, wie dicht waren sie dran! Aber welchen Schluss kann man aus diesen Erfahrungen ziehen? Vielleicht gibt es keine Antwort auf diese Frage, aber ganz sicher ist: Alex und seine Freunde haben es einfach versucht, haben losgelegt und ihr eigenes Ding gemacht. Sie sind an einer Hürde gescheitert, die andere niemals zu Gesicht bekommen hätten, weil sie gar nicht erst losgelaufen wären – und verloren haben sie bei der ganzen Sache nichts: Immer noch hat Hike fast eine halbe Million Fans auf Facebook.

Immer noch kommen neue hinzu, und bestehende Kunden zahlen weiter für die Facebook-Apps, die zwar immer noch nicht verschwunden sind, deren Bedeutung aber so sehr gelitten hat. So richtig ist nicht zu verstehen, warum es noch zahlende Kunden gibt, wie so vieles, was man eigentlich nicht vorhersehen konnte. Aber es ist so, und es reicht sogar, um zwei der drei Gründer sehr gut über die Runden zu bringen, ohne dass sie noch viel Aufwand in Hike stecken müssten. Es läuft einfach weiter.

Ob das nächste Projekt der drei Jungs das nächste Facebook werden könnte? Niemand weiß es, es lässt sich nicht planen. Dropify könnte es vielleicht werden – und dieses »könnte« reicht ihnen, um es auszuprobieren. Dropify verknüpft Datei-Downloads mit Facebook und macht sie somit viral: Lädt ein Facebook-Nutzer eine Datei über Dropify herunter, wird das all seinen Freunden angezeigt. Stellt beispielsweise ein Musiker ein Promo-Tape zum kostenlosen Download bereit, erfahren nicht nur seine Fans davon, sondern auch deren gesamter Freundeskreis.

Der kostenlose Download erreicht somit sehr viel mehr Leute als ein normaler Download, der nicht mit dem sozialen Netzwerk verknüpft ist. Durch die Resonanz im Freundeskreis kann eine Lawine ins Rollen kommen: Dateien können sich viral verbreiten. Und natürlich ist auch diese Funktion bei Dropify mit einem Fangate kombinierbar, sodass der Lawineneffekt noch verstärkt wird. Dropify ist der nächste logische Schritt beim »Freunde-werben-Freunde-Prinzip« im Internet. Mal sehen, wohin er führt.

Alex hat einmal davon geträumt, ein NBA-Star zu werden, und er hat einmal davon geträumt, das nächste Facebook zu gründen. Zwei Träume, über die viele lachen: zu unrealistisch, zu groß, zu naiv. Sie lachen und verfallen in ihre eigene Lethargie. »Und einmal, da hätte ich fast das Glück gehabt, diese eine, richtig gute Idee zu haben. Aber eben nur fast. Sie ist dann doch nicht zu mir gekommen«, werden sie sagen müssen. Du zählst hoffentlich nicht dazu. Alex ist für dich unter info@alexheilmann.com erreichbar.

Dienstag, 15. Oktober: Koblenz

Man weiß nie, wofür etwas gut ist. Alexander wusste es nicht, als er seine erste Fanpage gestaltete, und wir wissen es auch nicht, als wir uns entscheiden, die Gesetzmäßigkeiten des Buchmarkts zu missachten und unser Buch alleine, ohne einen Verlag im Rücken, zu veröffentlichen. Wir wollen niemanden um Erlaubnis fragen und uns nicht davon abhängig machen, ob die Verlagswelt unsere Idee gut oder schlecht findet. Wir wollen einfach mal machen, dieses Buch soll entstehen!

Doch ein Buch herzustellen, kostet Geld, sodass wir beschließen, es durch Crowdfunding zu finanzieren. Crowdfunding, übersetzt etwa »Schwarmfinanzierung«, ist da als Begriff zwar nicht mehr unbekannt, doch nur wenige haben damit in Deutschland bereits praktische Erfahrungen gesammelt: Künstler, Musiker, Filmschaffende oder Autoren finanzieren so ihre Projekte vor und setzen darauf, dass ihre Fans sie unterstützen. Das Prinzip basiert nicht auf Spenden, und trotzdem ist Crowdfunding eine mühsame Angelegenheit. Du benötigst nämlich genügend Anhänger, die ein Produkt schon zu einem Zeitpunkt kaufen, an dem es noch nicht mehr ist als eine Idee oder ein Konzept. In unserem Fall ist es die Idee zum Buch. Wer uns besonders unterstützen will, zahlt etwas mehr als den normalen Preis für das Buch und wird als Unterstützer darin namentlich genannt. Aber wer kauft schon ein Buch, das es noch gar nicht gibt, von Autoren, die keiner kennt, auf einer Plattform, mit der kaum jemand praktische Erfahrungen hat?

Es wäre so einfach, unsere Idee per Book-on-Demand, also Buchdruck auf Bestellung, zu realisieren. Wir wollen für unser Buch aber nicht nur eine Sorte Papier zur Auswahl haben, weil alles andere nicht möglich oder zu teuer wäre. Wir wollen das Buch zwar ohne einen Verlag machen, aber es soll trotzdem höchsten Ansprüchen genügen. Unser Cover soll veredelt, die Buchbindung stabil sein. Wir wollen einen professionellen Lektor beschäftigen und einen Grafikdesigner, der uns ein ansehnliches Cover gestaltet. Aber für all das brauchen wir Geld: Zehntausend Euro, so kalkulieren wir, benötigen wir für eine erste Auflage von tausend Büchern, inklusive der Kosten, die wir trotz unserer sparsamen Lebensweise auf unserer Recherchereise aufwenden mussten.

Zwei Monate, bis kurz vor Weihnachten, haben wir Zeit, das Geld virtuell zu sammeln. Wenn am Ende nur ein einziger Euro zu wenig auf unserem Konto gutgeschrieben ist, bekommen alle Unterstützer ihr Geld zurück – das Projekt wäre gescheitert. Zehn Tage vor Ende der Finanzierungsphase fehlen uns satte viertausendachthundert Euro, obwohl so viele Medien über uns, die beiden unbekannten Autoren, und unser Buch, das noch nicht existiert, berichtet haben. An einem Mittwochabend setzen wir uns zusammen, nehmen einen Zettel und wollen all unsere Trümpfe aufschreiben, die wir für die Schlussoffensive noch in der Hinterhand haben: Doch der Zettel bleibt so gut wie leer. Werbung und Marketing machen sonst der Verlag, nicht der Autor.

Aber wenn du dein Buch alleine machst, bleibt all diese Arbeit bei dir hängen. So ist es nun mal, und wir sehen ein, dass wir alles getan haben, was wir konnten – wir haben unser Pulver verschossen. Frustriert gehen wir ins Bett, denn der Traum vom Buch droht kurz vor dem Ziel zu platzen. Und dann passiert ein kleines Wunder: Am nächsten Tag, einen Tag vor Nikolaus, meldet sich ein Mann bei uns per E-Mail, den wir bis dahin nicht kennen.

Er schreibt einen nüchternen Zweizeiler: »Bitte lassen Sie mich wissen, wenn der Betrag nicht zusammenkommt. Ich würde ihn dann auffüllen.« Wir googeln den Namen des Absenders, der in diesem Buch nicht seinen Namen lesen will: Es ist einer der vierhundert reichsten Deutschen – mit einem Vermögen von rund dreihundert Millionen Euro. Acht Tage später überweist er die noch fehlenden dreitausendfünfhundert Euro auf unser Konto.

Wochen später treffen wir ihn persönlich, ein sympathischer Mann, ungefähr sechzig Jahre alt, der vor etwa dreißig Jahren selbst gegründet hat und damit den Grundstein für sein Vermögen gelegt hat. Er sagt: »Ich weiß aus eigener Erfahrung, dass junge Menschen anfangs oft nur eine kleine Anschubhilfe benötigen, um ihre Ideen in die Tat umzusetzen.« Es ist ein Gespräch über Zweifel, Unternehmertum, Träume, Innovationen. Es ist ein Gespräch, keine Vorlesung, und doch verabschieden wir uns von diesem Mann, der wie der nette Onkel aus Amerika wirkt, mit dem Gefühl, ein paar Goldklumpen aus dem Erfahrungsschatz eines erfolgreichen Unternehmers geschenkt bekommen zu haben. Wie er auf unser Projekt aufmerksam geworden ist? Er hat davon in einem der Zeitungsberichte gelesen.

Du kannst Erfolg nicht planen, er ist abhängig von sehr viel hätte, vielleicht und könnte. Hätten wir uns nicht entschlossen, das Buch alleine zu machen, dann hätte uns ein Verlag viel Arbeit abgenommen. Vielleicht wäre es einfacher gewesen, aber mit Sicherheit nicht so spannend. Und wir hätten nun auch nicht unsere eigene kleine Weihnachtsgeschichte zu erzählen – so viel ist sicher.

7

FLORIAN BLÜMM NIMMT SICH
EINE AUSZEIT VOM JOB. AUF SEI-
NER REISE UM DIE WELT WIRD
ER ZUM DIGITALEN NOMADEN.
ARBEITEN AM SANDSTRAND IST
SCHÖNER ALS MALOCHEN IM
BÜRO – UND DAS VERRÜCKTE:
ES KANN SICH SOGAR RECHNEN.

TRAU DICH, EIN NERD ZU SEIN!

Es muss ja nicht gleich ein ganzes Sabbatjahr sein, ein paar Monate Auszeit würden schon reichen: endlich reisen, endlich etwas von der Welt sehen, endlich die vielen Bücher in Ruhe lesen, die sich in den letzten Jahren angesammelt haben und seitdem nur Staubfänger sind. Endlich ein bisschen Abstand zu allem gewinnen – vielleicht auch endlich »zu mir finden«, was auch immer das bedeuten mag. Jeder zweite Deutsche träumt laut Studien genau davon: von einer Auszeit vom Job und dem Stillen des Fernwehs.

Solche Gedanken sind auch der Startpunkt zu Florian Blümms erster Reise – eine Reise, die sechs Monate dauern soll, aber vier Monate früher endet. Es ist ein kurzer Trip, der ihn dazu motiviert, anschließend auf eine echte Weltreise zu gehen – mit mehr als achtzigtausend Kilometern in vierzehn Monaten. Und hätte ihm am Anfang jemand gesagt, dass eben diese Reise alles in allem weniger kosten würde als sein altes Leben in Deutschland – er hätte es wohl nicht geglaubt. Eine Weltreise ist doch der absolute Luxus, oder?

Florians Geschichte ist kein 08/15-Reisebericht, vielmehr ist es die Geschichte von jemandem, der sich viele Gedanken über sein Leben macht, der mittlerweile haargenau weiß, was er nicht will, und der nicht davor zurückschreckt, dieses Wissen konsequent in Taten umzusetzen. Gleichzeitig weiß er aber nur selten genau, was er will. Und so zieht er ohne festen Plan los, um das herauszufinden. Florian ist mutig, in mancher Hinsicht auch sorglos. Seine Geschichte ist keine Schritt-für-Schritt-Anleitung, sie ist vielmehr ein Spiegel für deine eigenen Wünsche. Sie ist extrem, und sie zeigt, dass es auch anders geht – anders, als es »normal« wäre, und ganz anders als das, was man sich eigentlich trauen würde. Wer würde schon kündigen, nur um sich ein paar Monate Auszeit zu nehmen?

»Wir sollen dir kein Arbeitszeugnis ausstellen? Ist das dein Ernst?«, fragt Florians Chef, der nicht glauben kann, was er zuvor gehört hat. So sehr ihn Florians ungewöhnliche Ansage schockiert, irgendwie passt sie zu seinem Mitarbeiter. Florian arbeitet seit ziemlich genau eineinhalb Jahren in seiner Abteilung, als einer von vielen Programmierern eines Finanzunternehmens. Ein angenehmer, wenn auch etwas ruhiger Mitarbeiter ist er, strukturiert und fleißig, mit typischem Lebenslauf: Florian ist achtundzwanzig Jahre alt, Diplominformatiker, frisch von der Uni. Ein ganz normaler Absolvent – oder eben nicht. Florian ist nicht besonders an Karriere interessiert, doch das alleine ist nichts Ungewöhnliches unter Informatikern, von denen die meisten täglich mit Leib und Seele in ihre Codes abtauchen und dabei scheinbar jegliche Karriereambitionen vergessen.

Nein, vermutlich hätte Florians Chef das Gegenteil mehr überrascht. Seine Mitarbeiter lieben das, was sie tun, und für viele wäre allein die Vorstellung, eine Abteilung zu leiten, der pure Horror. Aber wieso wird er in der gesamten Zeit das Gefühl nicht los, dass Florian noch immer nicht richtig angekommen ist? Er hat viel darüber nachgedacht, ohne das Rätsel zu entschlüsseln – und jetzt sitzt Florian vor ihm, die Kündigung liegt auf dem Tisch. Auf Reisen wolle er gehen oder sich selbstständig machen – oder beides gleichzeitig. Der Chef versteht Florians Pläne nicht so recht, und insgeheim hält er einen Wechsel in ein anderes Unternehmen für die logischere und damit viel wahrscheinlichere Antwort.

Obwohl es offenkundig schwer nachzuvollziehen ist, sagt Florian seinem Chef die Wahrheit: Er hat nach seinem Einstieg in die Firma ziemlich schnell gemerkt, dass diese Art des Berufslebens nichts für ihn ist. Dass es ihn zermürbt, seine Tage in dem immer gleichen Rhythmus zwischen neun und fünf zu verbringen. Dass er keinen Sinn in dieser Arbeit sieht, darin, 40 Stunden in der Woche stumpf vor dem Monitor zu sitzen – ohne große Abwechslung und ohne Herausforderungen. Dass er eigentlich nie wieder als Angestellter arbeiten will und daher auch kein Arbeitszeugnis braucht. Was er stattdessen machen möchte? Er weiß es nicht genau, wirklich nicht. Er will erst mal weg, sechs Monate nach Thailand, um das herauszufinden. Er will erst zwei Monate reisen, dann zwei Monate in ein Kloster gehen und schließlich die letzten zwei Monate nutzen, um sich selbstständig zu machen. Er möchte gerne weiterhin am Computer arbeiten, aber sicher nicht in einem Büro und auch nicht vierzig Stunden pro Woche. Er wird schon etwas für sich finden, da ist er sich sicher. Das ist Florians Plan für die nächsten sechs Monate, darüber hinaus gibt es noch keinen, als er kündigt.

Um Florians Entscheidung zu verstehen, lohnt sich ein kurzer Blick in seine Vergangenheit, in die Zeit vor seinem Informatikstudium: Korea, eine Atmosphäre wie in einer Bahnhofshalle. Stimmengewirr, Unruhe, das Rauschen der Lüfter. Dazu die Dunkelheit, die nur durch das Leuchten und Flackern der Computer-Bildschirme unterbrochen wird. Es sind Tausende, die hier Computerspiele wie den Ego-Shooter »Unreal Tournament« gegeneinander spielen – und Florian ist einer von ihnen, ein richtiger Nerd. Er ist so gut, dass er und sein Spielpartner es von Nürnberg bis nach Korea geschafft haben, zum Finale der World Cyber Games, dem heute weltweit größten E-Sport-Turnier der Welt. Es war mit Sicherheit kein leichter Weg: Trainiert haben die beiden Jungs jeden Tag und jede freie Minute während der Schul- und Bundeswehrzeit. Warum auch nicht? Was machen andere Zwanzigjährige schon so den ganzen Tag?

Florian ist ein Profi in diesem Spiel, der alle Tricks kennt. Er kennt sich so gut aus, dass er mühelos sogar ein ganzes Buch darüber schreiben konnte, die »Unreal Tournament Bible«, die er damals kostenlos ins Netz stellt. Ähnlich tief war Florian schon Jahre vorher in »Quake« eingestiegen, einem anderen Ego-Shooter, der vor »Unreal Tournament« die Kinderzimmer unzähliger Teenager beherrscht hat. Tausende Stunden hat er investiert, um das System hinter dem Spiel zu verstehen, Abkürzungen und versteckte Extras zu finden. Florian arbeitet wie ein Hacker, nur eben in einem Spiel.

Das Turnier in Korea endet mit zwei Gewinnern: Florians Teamkollege gewinnt tatsächlich zwanzigtausend Dollar Preisgeld, von denen er sich das erste eigene Auto kauft. Florian nimmt kein Geld mit nach Hause, aber wertvolle Erfahrungen: Der Aufenthalt in Korea ist die erste Fernreise seines Lebens. Als Jugendlicher war er höchstens mal mit seiner Familie in den Bayerischen Bergen, an der Nordsee oder in Schweden. Die zweite wichtige Erfahrung, die Florian aus Korea mitnimmt und die seine spätere Entscheidung beeinflusst: Er sieht, dass es möglich ist, am Computer Geld zu verdienen, spielerisch und ohne das Gefühl, Arbeit zu verrichten. Vielleicht musst du viel Zeit investieren, aber wenn du einmal verstanden hast, wie das System funktioniert, dann läuft es! Und wenn du es schaffst, mit deinem PC Geld zu verdienen, dann ist es ganz egal, wo du auf der Welt bist – ob in Nürnberg oder in Korea, was zählt, ist nur ein Internetanschluss.

Ein paar Wochen nach seiner Kündigung ist Florian im Paradies angekommen. Wie ein Smaragd ruht die kleine thailändische Insel in der türkisblauen See – genau so, wie man es von den Hochglanzbildern der Kataloge kennt. Der dichte Regenwald taucht die Insel in ein Grün, das so viele verschiedene Schattierungen besitzt, dass man sie gesehen haben muss, um sie sich vorstellen zu können. Regenwald, so weit das Auge reicht, fast lückenlos bis an den weißen, feinkörnigen Strand. Und es ist angenehm warm hier, nicht so heiß und drückend schwül wie zuvor in Bangkok: leichter Wind, keine Wolken, aber genug Schatten von den Kokospalmen, die am Strand wachsen und die Grenze zum Regenwald bilden. Klein ist sie, diese Insel, mit nur einer einzigen winzigen Straße. Autos gibt es hier nicht, lediglich ein paar Motorroller. Die Straße verbindet an ihren Endpunkten zwei winzige Fischerdörfchen. Sie sind komplett auf Stelzen im kristallklaren Wasser errichtet, mit offenen Holzhütten, die niemals Farbe gesehen haben. Und dennoch ist der erste Begriff, der einem hier einfällt, »malerisch«.

Nicht viele Menschen leben hier, es gibt keine bunten All-inclusive-Bändchen, keine überdrehten Animateure und kein Dessertbuffet. Die Bewohner sprechen fast kein Englisch, verkaufen aber exzellenten Fisch, frisch aus großen Reusen, direkt aus dem Meer. Wenn Florian in einem der beiden Fischerdörfer abends isst, dann oft als einziger Tourist, den das Örtchen an diesem Tag gesehen hat. Es überrascht nicht, dass man hier vor allem frischgebackene Abiturienten, Studenten und Aussteiger trifft, denn das Leben hier bietet alles, was man sich wünschen kann – und ist dabei auch noch unglaublich günstig: Die Nacht im Bambusbungalow mit offener Dusche kostet umgerechnet etwa zehn Euro, ein opulentes Frühstück nicht einmal vier Euro.

Für Florian vergeht die Zeit wie im Flug, und das, obwohl sich die Tage auf der Insel ähneln. Sie beginnen mit einem ausgiebigen Frühstück auf der offenen Veranda des kleinen Resorts: frischer Ananassaft, Toast mit Marmelade, Rührei, Melonen und Papaya sowie Pfannkuchen zum Abschluss. Florian ist alleine hergekommen, und er bleibt es meist. Er verbringt viel Zeit an der Bar oder am Strand mit Lesen – Zeit, die er sich vorher nie nehmen konnte oder die schlicht anderen Prioritäten diente. *Fänger im Roggen, Siddhartha* oder *The Autobiography of Malcolm X* sind nur drei der fast zweihundert Titel auf seinem Kindle. Wäre er nicht hier, auf dieser unglaublich schönen Insel, mit dem fast schon stereotypen Strand, sondern säße er mit seinen Büchern irgendwo in einer düsteren Ecke einer deutschen Universitätsbibliothek, käme einem vielleicht der Begriff »humanistische Bildung« in den Sinn. Florian aber sitzt am Strand und studiert dort seine Bücher. Er ist wie in einer anderen Welt versunken, tagelang.

Florian ist seit sechs Wochen in Thailand und seit ein paar Tagen auf der Insel. In dieser Zeit hat er absolute Entspannung gefunden. Jeglicher Stress ist von ihm abgefallen, er fühlt sich wieder geerdet. Und er hat das sprichwörtliche Paradies gefunden, darüber gibt es keinen Zweifel. Allerdings wird ihm nach und nach bewusst, dass dieses Paradies mit seinen Kokospalmen, dem weißen Sandstrand und dem Leben in der Hängematte gar nicht das ist, was er auf seiner Reise gesucht hat. Dass es zwar schön ist, aber nicht ausreichend.

Hätte er an diesem Tag, sechs Wochen nach seiner Abreise aus Deutschland, seinen ehemaligen Chef getroffen, hätte er ihm vermutlich endlich erklären können, warum es für ihn nicht logisch war, vierzehn Tage Urlaub zu nehmen oder sich einen neuen Job zu suchen, sondern auf eine lange Reise zu gehen – und zwar jetzt und nicht erst in neununddreißig Jahren, wenn endlich der Rentenbescheid im Briefkasten liegt. Florian wird entgegen seinem Plan nicht mehr ins Kloster gehen, um sich selbst zu finden, nicht auf dieser Reise und auch nicht später. Da seine Mutter unerwartet krank wird, verlässt Florian nach nur zwei Monaten das Paradies und fliegt zurück nach Deutschland. Als er wieder deutschen Boden betritt, hat er keinen Plan für seine neue berufliche Zukunft in der Tasche, aber Florian hat Blut geleckt. Die Selbstständigkeit kann warten, als Nächstes würde er auf eine richtige Weltreise gehen.

Beneidenswert? Nicht weitsichtig? Zu riskant? Wenn du letzte-re beiden Fragen mit Ja beantwortest, lass dich auf eine Rech-nung ein: Florian wird vierzehn Monate auf Weltreise verbrin-gen, das ist etwa ein Dreißigstel seines bisherigen Lebens. Das klingt nach nicht viel, macht aber unterm Strich ein Universum an Erfahrungen, denn es sind nicht nur die unzähligen fremden Gerüche, Speisen und exotischen Landschaften, die sich mit Worten nicht ausreichend beschreiben lassen, auch nicht nur die einzigartigen Erlebnisse, die er häufig umsonst oder für sehr wenig Geld bekommt.

Natürlich ist es eine sensationelle Erfahrung, mit dem Moun-tainbike durch den Himalaya zu fahren: schneebedeckte Acht-tausendergipfel im Rücken zu haben, während man wie im Rausch auf schmalen Pfaden ins Tal hinabfliegt, der Kies den Abhang hinunterspritzt, das Adrenalin bei der Abfahrt pumpt, vorbei an kleinen, silbrig schimmernden Wasserfällen und glas-klaren Gebirgsseen, sieben Tage lang in der unglaublichen Ku-lisse Nepals, in der Florian nur einer Handvoll anderer Radfah-rer begegnet. Erlebnisse sind das, die man nur ein einziges Mal im Leben macht und die auf ewig in Erinnerung bleiben – Erleb-nisse, die einen Menschen tief berühren und verändern können, so wie es eine Auszeit im Kloster wahrscheinlich auch kann.

Für die einwöchige Tour mit dem Mountainbike durch den Hi-malaya bezahlt Florian insgesamt, also mit Übernachtungen, Verpflegung, Eintritt in den Nationalpark und Radmiete, nur zweihundertfünfzig Euro, also etwa so viel wie für eine Woche Mallorca im Zwei-Sterne-Hotel in der Nebensaison: gleiche Kosten, aber völlig unvergleichliche Erfahrungen. Ähnlich be-eindruckende Abenteuer wird Florian noch sehr oft während seiner Weltreise erleben. Wenn es aber nicht diese einmaligen Eindrücke, diese unbezahlbaren Erfahrungen sind, die dieses Dreißigstel seines Lebens wirklich im Kern ausmachen, wenn es nicht Entspannung und paradiesische Strände sind, was ist es dann? Was hat Florian auf seiner Reise um die Welt gefunden, was er in einem normalen Urlaub nicht hätte finden können? Was bleibt, ist das Gefühl, dass es auch anders geht, ein kleines Rädchen im Großen und Ganzen zu sein – nicht im negativen Sinn, sondern mit einem Gefühl der Ausgeglichenheit, der inneren Ruhe. Dass alltägliche Sorgen klein sind, im Vergleich zu dem, was in anderen Ländern normale Probleme sind. Dass das Leben nicht bis ins letzte Detail planbar ist; dass man sich nicht gegen alles absichern kann und dass es vielen Menschen, denen Florian auf seiner Reise begegnet ist, nicht im Traum in den Sinn käme, Geld gegen Lebensqualität zu tauschen. Es ist das Gefühl, frei zu sein: einmal vollkommen frei und ohne jegliche Verpflichtungen, wenigstens für ein Dreißigstel oder ein Vierzigstel oder ein Fünfundfünfzigstel des bisherigen Lebens.

Florian ist in den vierzehn Monaten übrigens tatsächlich einmal um die ganze Welt gereist, rechnerisch sogar fast zweimal: achtzigtausend Kilometer in vierhundertneunzehn Tagen. Dabei hat er zweitausendsechshundertsiebenundachtzig Euro für Transportmittel und Flüge bezahlt, eintausendfünfhundertvierundvierzig Euro für Unterkünfte und Übernachtungen, eintausendeinhundertundvier Euro für Touren und Eintrittsgelder, fünfhunderteinunddreißig Euro für Visa, eintausendeinhundertsiebenundachtzig Euro für Ausrüstung und Kleidung sowie dreitausendachthundertzwölf Euro für Bier, Essen, Nahverkehr, Körperpflege et cetera – sprich übliche Lebenshaltungskosten. In Summe hat das Leben und Reisen in den vierzehn Monaten etwa so viel gekostet, wie mancher Neuwagen in der gleichen Zeit an Wert verloren hätte, nämlich rund elftausend Euro. Pro Monat lagen die gesamten Kosten bei umgerechnet siebenhundertachtzig Euro, was in etwa der Kaltmiete einer Fünfundsiebzig-Quadratmeter-Wohnung in Hamburg entspricht. Kaltmiete versus Weltreise: Lässt sich Glück in Quadratmetern messen? Nichtsdestotrotz muss man dieses Geld erst einmal haben oder unterwegs verdienen.

Florian lebt auf seiner Reise von Ersparnissen und verdient tatsächlich Geld mit Arbeiten am PC. Er schreibt als Ghostwriter für Blogs, programmiert freiberuflich Webseiten, übersetzt und entdeckt schließlich eine neue Welt, in die er abtaucht, ähnlich wie damals bei den Ego-Shootern »Quake« und »Unreal Tournament«. Florians neue Welt heißt Flightfox, eine Plattform, auf der Reisende spezielle Flugwünsche ausschreiben und Experten wie Florian sich darin messen, die besten und günstigsten Flugkombinationen für ihre Auftraggeber herauszusuchen. Obwohl er damit die meiste Zeit verbringt, kann er davon noch nicht leben, er kommt derzeit nur auf einen einstelligen Stundenlohn. Aber es ist wie bei den Computerspielen damals: Es geht ihm nicht nur ums Gewinnen, es geht darum, das System zu verstehen und zu lernen, es zu nutzen. Noch zahlt sich die zeitliche Investition für Florian nicht richtig aus, aber der Tag wird kommen. Mit Flightfox Flüge zusammenzupuzzeln ist eine Arbeit, die sich für Florian nicht wie Arbeit anfühlt, sondern wie ein großes Spiel.

Außer einer Haftpflicht- und einer Reisekrankenversicherung besitzt Florian keine der üblichen Absicherungen. Er zahlt derzeit in keine Rentenversicherung ein und würde darin auch bei einer regulären Beschäftigung in Deutschland wenig Sinn erkennen. »In fast vier Jahrzenten kann viel passieren«, sagt er. Und wer weiß, was von den heutigen Rentenversprechen in neununddreißig Jahren, wenn Florian in Rente geht, noch übrig sein wird? Als Florian zu seiner Weltreise aufbricht, lässt er wenig hinter sich: Er hat keine Freundin, es gibt kein Auto, das er verkaufen muss, seine Wohnung ist nur gemietet und innerhalb eines Wochenendes aufgelöst. Was genau sich in den Kisten im Keller seiner Eltern befindet, weiß er eigentlich gar nicht mehr. Er vermisst sein Fahrrad und die wöchentliche Schafkopfrunde mit seinen Freunden, mit seiner Familie telefoniert er nur alle paar Monate, das reicht ihm, schließlich berichtet er regelmäßig in seinem Blog.

Kann das jeder? Kann jeder auf diese Art und Weise die Zelte abbrechen und sich ins Unbekannte stürzen? Wahrscheinlich nicht. Wahrscheinlich hätte auch nicht jeder gleich gekündigt und dabei noch auf ein Arbeitszeugnis verzichtet. Florian hat beides gemacht. Er ist sorglos, dennoch hat er nicht im Affekt gehandelt. Er wusste genau, was er nicht will. Nur wie seine Zukunft genau aussehen sollte, das wusste er nicht, als er loszog. Hätte er seinen Job geliebt, eine Freundin, Frau, Kinder oder eine Eigentumswohnung gehabt, hätte er sich darüber sicherlich mehr Gedanken gemacht – machen müssen. Aber wäre es dann wirklich unmöglich gewesen loszuziehen? Oder wäre es einfach eine andere Reise geworden – kürzer, vielleicht durchgeplanter oder tatsächlich mit dem festen Ziel, sich selbst zu finden und mit einer zündenden Idee für die Selbstständigkeit nach Hause zurückzukommen? Um in den Genuss zu kommen, einmal vollkommene Freiheit zu spüren, braucht man nicht unbedingt 14 Monate, das geht auch in kürzerer Zeit. Was sind eigentlich die großen Hindernisse, eine längere Reise zu machen, für zwei, drei oder zwölf Monate? Ist Geld das Problem oder ist es die vermeintliche Lücke im Lebenslauf? Gibt es für beides wirklich keine Lösung? Sind dies wirklich Hindernisse, die unumschiffbar sind? Es könnte sich lohnen, darüber nachzudenken, was eigentlich »normal« ist und was man sich trauen darf. Über eines muss man sich allerdings bewusst sein: Freiheit macht süchtig – sie ist eine sehr wirksame Droge! Wer einmal von ihr gekostet hat, weiß das genau.

Florian hat es nach vierzehn Monaten auf Weltreise nicht mehr in Deutschland ausgehalten. Er wollte noch mehr von der Welt sehen und dabei ungebunden sein, ohne Grenzen, ohne von Beginn an zu wissen, wann sein Abenteuer wieder endet. 2012 ist Florian mit zweiunddreißig Jahren konsequenterweise »ausgewandert«. Nein, er hat keine Strandbar an der Copacabana eröffnet, er ist kein typischer Aussteiger, wie man sie im Fernsehen beobachten kann, das wäre nicht sein Stil. Für Florian bedeutet auswandern, dass er ohne jegliches Zeitlimit und ohne festes Ziel so lange über die Kontinente reist, wie es für ihn möglich ist.

Florian lebt als digitaler Nomade überall dort, wo es WLAN gibt – egal ob in Bolivien, in Thailand oder auf Sri Lanka. Er arbeitet, wenn er es möchte und braucht, sucht sich seine Arbeit aus und geht unbequemen Tätigkeiten aus dem Weg – für ihn funktioniert das. Seine Ausgaben halten sich mit seinen Einnahmen die Waage, er kommt meistens bei einer schwarzen Null heraus. Wenn also nichts Unvorhergesehenes passiert, kann Florian noch sehr lange so weiterleben und -reisen. Im Juli 2013 hat er es erstmals auf Einnahmen von über tausend Euro gebracht, was aus deutscher Perspektive sicherlich nicht viel ist, aber seine Ausgaben in diesem Monat um fast das Doppelte überstieg. Geoarbitrage nennt sich dieses Prinzip, also von niedrigen Lebenshaltungskosten in fremden Ländern profitieren und gleichzeitig seine Arbeit über das Internet dort anbieten, wo sie gut bezahlt wird, vor allem also in Europa oder Nordamerika. Florians »Plan« ist soweit tatsächlich aufgegangen: Ein Nerd geht auf Reisen und wird zum digitalen Nomaden, der nicht nur überall auf der Welt arbeiten kann, sondern seine Arbeit als Spaß oder, besser gesagt, als großes Spiel empfindet – und der derzeit keine bessere Alternative sieht zu dem Luxus dieser Freiheit.

Florians Tipp

Durch meine Weltreise habe ich einen guten Überblick über die monatlichen Kosten, also Lebensunterhalt und Unterkunft, in verschiedenen Ländern gewonnen. Wenn ich mich in einem Land niederlassen würde, wären dies die Top Ten der günstigsten Ziele:

1. Bangladesch: 338 Euro.
2. Nepal: 419 Euro.
3. Laos: 430 Euro.
4. Thailand: 443 Euro.
5. Kambodscha: 458 Euro.
6. Indien: 464 Euro.
7. Vietnam: 487 Euro.
8. Guatemala: 566 Euro.
9. China: 594 Euro.
10. Mongolei: 601 Euro.

Florian führt den Reiseblog Flocutus.de, auf dem du die Erlebnisse und eindrucksvollen Bilder seiner Reisen findest. Für deine Fragen ist er unter florian.bluemm@gmail.com erreichbar.

Mittwoch, 23. Oktober: San Diego

Neuntausendzweihundertzweiundsechzig Kilometer ist Florian von uns entfernt, als wir das Interview per Skype mit ihm führen. Wir sitzen an einem Mittwochabend um kurz nach einundzwanzig Uhr in Bad Honnef vor dem Laptop, er kommt gerade vom Frühstück – in San Diego, am südlichsten Zipfel Kaliforniens, ist es kurz nach elf Uhr morgens.

Als wir uns kurz vor Mitternacht voneinander verabschieden, mischt sich in unsere Euphorie auch Zweifel: Es ist unser siebtes Interview und gleichzeitig das erste, aus dem wir mit dem Gefühl herausgehen, dass dies keine Geschichte zum einfachen »Nachmachen« ist. Florians Leben als digitaler Nomade ist speziell, es funktioniert nur unter bestimmten Voraussetzungen, von denen sehr viele persönlicher Natur sind. Wem soziale Bindungen zu Freunden und Familie so wichtig sind, dass sie sich nicht über Skype genügend pflegen lassen, wer einen festen Ort braucht, den er Heimat nennt, oder wer nicht einer Arbeit nachgeht, die er autark oder über das Internet verrichten kann, für den ist dieser Lebensstil nichts – zumindest nicht dauerhaft.

In den Tagen nach dem Interview diskutieren wir viel darüber, ob Florians Geschichte in unser Buch passt. Samen über Ebay zu verkaufen oder Pralinen auszuwählen und zu verschicken, sind wahrscheinlich leichter nachvollziehbare Nebenprojekte als das Leben eines digitalen Nomaden, der von Land zu Land und von Kontinent zu Kontinent zieht. Aber letztlich ist dieses Leben auch gar nicht der Anfang, sondern ein Schritt, dem sehr viele vorausgegangen sind. Der Anfang ist – dies ist der Grund, warum wir uns für Florians Geschichte entschieden haben – die Möglichkeit, die heute viele haben: eine längere Auszeit zu nehmen. Ein Sabbatical war vor einigen Jahren noch eine absolute Ausnahme, heute haben mehr und mehr diese Möglichkeit, und in einigen Jahren könnte diese Option normal geworden sein.

Dies ist ein Privileg unserer Zeit, ebenso wie die Chancen, die uns das Internet in den letzten Jahren gebracht hat: Mit Couch-surfing ist es kein Problem, kostenlose Übernachtungsmög-lichkeiten zu finden, und das weltweit. Mithilfe von Internet-portalen wie Airbnb oder 9flats kann man private Wohnungen zwischenmieten, egal ob für ein paar Tage oder gar Monate – ei-ne günstige Alternative zum Hotel. Mit Flugsuchmaschinen wie Swoodoo lassen sich günstige Flüge finden, mit Flightfox gan-ze Flugkombinationen günstig zusammenstellen. Die größten Kostentreiber einer Weltreise, Transport und Unterkunft, las-sen sich so mit etwas Mut und Geschick auf ein Minimum redu-zieren. Wer länger bleibt, nimmt seine gesamte heimische Bib-liothek auf dem E-Book-Reader mit, stellt seine Arbeitskraft auf Freelancer-Seiten wie Odesk zur Verfügung und bleibt mit Auf-traggebern und Familie per Skype in Verbindung – sogar Anru-fe ins deutsche Fest- und Mobilfunknetz sind so weltweit mög-lich.

Eine große Reise oder gar eine Weltreise ist in unserer Zeit nicht mehr der exklusive Luxus, der nur sehr wenigen vorbehal-ten bleibt. Mit ein bisschen Mut und Unternehmungslust sind heute sehr viele Möglichkeiten und Lebensstile denkbar, auch wenn nicht jeder hundertprozentig übertragbar ist. Als wir das Skype-Interview mit Florian an diesem Mittwoch, kurz vor Mit-ternacht beenden, müssen wir kurz lachen: Neuntausendzwei-hundertzweiundsechzig Kilometer sollen das gewesen sein? Es fühlte sich viel näher an.

8

VON HUNDERT MARK ZU EINER HALBEN MILLION EURO: ALS MARC PEINE VOM SCHICKSAL EINES JUNGEN MÄDCHENS ERFÄHRT, SPENDET ER GELD. DOCH DAS REICHT IHM NICHT. ER GRÜNDET MIT EINEM FREUND EINE EIGENE KINDERHILFSORGANISATION.

SEI EGOIST IM BESTEN SINNE!

Etwas Gutes tun. Schmerz oder Armut lindern. Freude schenken. Tiere schützen. Politische Ziele unterstützen. Jungen und Alten helfen, Sportler und Kultur fördern, Gerechtigkeit herstellen – hier oder in der Dritten Welt. Es gibt mehr als fünftausend Hilfsorganisationen in Deutschland, und Millionen Menschen, die davon träumen, die Welt ein Stück besser zu machen. Doch wie geht das eigentlich: die Welt ein bisschen besser machen? Wie soll ich, der einfache Bürger, ohne Geld und Kontakte, ohne Promistatus und genügend Zeit, das schaffen? Eine Frage, die in so gut wie allen Fällen in einer Sackgasse der eigenen Vorstellungskraft endet. Wir verdrängen also lieber den Wunsch, der oft zu Weihnachten in uns aufsteigt, und spenden – um uns zumindest das gute Gefühl zu geben, mit Geld geholfen zu haben. Das ist sicher in Ordnung. Doch Marc Peine wollte nicht nur spenden oder sich irgendeiner Organisation anschließen. Er und Christian Vosseler wollten ihr eigenes Ding machen: selbst entscheiden, wo das Geld hingeht, und sichergehen, dass jeder Cent ankommt. Sie wollten es selbst übergeben und die Freude des Beschenkten sehen. Und das war zunächst wahnsinnig einfach.

Dortmund im Dezember 2000. Es ist ein typischer Wintertag im Ruhrgebiet: der Schnee matschig, der Himmel trüb. Noch zehn Tage sind es bis Weihnachten. In den Innenstädten riecht es nach gebrannten Mandeln und Glühwein, in den Kaufhäusern läuft »Last Christmas« in der Dauerschleife. Der Zauber der Vorweihnachtszeit ist gerade dabei, seine Spuren zu hinterlassen und die Welt in eine sentimentale Stimmung zu versetzen, als sich das Leben von Marc, damals neunundzwanzig, ohne Vorankündigung radikal verändert.

Es ist ein ausgelassener Abend, wenige Tage nach Nikolaus. Die Geburtstagsparty eines Freundes ist in vollem Gange. Alle tanzen, lachen, trinken miteinander. Eigentlich ist das nicht der geeignete Ort, nicht der ideale Zeitpunkt für ernste Gespräche, und doch erzählt Christian Vosseler seinem Kumpel Marc eine Geschichte. Sie handelt von Jacqueline, einem Mädchen, deren rechtes Bein oberhalb des Knies endet, ein Geburtsfehler. Sie ist die Tochter eines guten Freundes. Christian sei am Nikolaustag bei ihr gewesen, habe einen roten Mantel übergeworfen, einen weißen Rauschebart angeklebt und ihr Geschenke mitgebracht.

Marc hakt nach, will mehr wissen. Christian, der seinen Zivildienst in der Kinderklinik in Dortmund absolviert hat, erzählt schließlich von weiteren kranken Kindern, die er kennengelernt hat und die das Weihnachtsfest nicht zu Hause erleben können: Kinder, die Krebs haben oder eine Behinderung, die zu jung sind, um zu wissen, dass es das Christkind gar nicht gibt, und andere, die noch jung genug sind, dass ihre Augen strahlen, wenn sie von der Bescherung reden.

Marc beschließt noch an diesem Abend, etwas zu tun. Er spendet hundert Mark und erzählt in seinem Freundes- und Bekanntenkreis von den kranken Kindern und der selbstinitiierten Spendenaktion. Bis Heiligabend liegen tausend Mark im Pott. Bürgerengagement ist das, unbürokratisch, schnell. Gemeinsam mit Christian rührt er die Werbetrommel. Dieser kontaktiert seine alten Kollegen in der Kinderklinik und fragt: »Was könntet ihr gebrauchen?« Die Antwort: Spiele, Kassetten, einen CD-Player, eben all das, was Kindern ein Lachen ins Gesicht zaubert.

Heiligabend, das war für Marc bis dahin immer ein zäher Tag – einer, der dahinplätschert, irgendwann in die Kirche führt und später zur Bescherung. Ein Tag, an dem man sich den Bauch vollschlägt und manchmal verkrampft über den Sinn des Le-

bens philosophiert. Ein Tag mit der Familie ist das immer gewesen, mit den Eltern, später mit den eigenen Kindern. Doch
Marcs Familie ist seit Heiligabend 2000, dem Jahr, als er hundert Mark spendete, größer geworden. An diesem Tag sitzt er
vor Lukas – es ist sein erster Krankenhausbesuch. Der Junge ist
sechs Jahre alt und vom Krebs gezeichnet. Die Geschenke, die
Marc und Christian mitgebracht haben, sind noch nicht aus-
gepackt, da erzählt er Marc, was er sich wünsche. Die Liste ist
lang, die Stimme des Jungen überschlägt sich. Irgendwann fragt
Marc, ob er denn auch wisse, was sich seine Mama wünsche.
Lukas hält inne, sein Lachen erstickt, er wispert: »Dass ich wieder gesund werde.« Wenn es einen konkreten Moment gab, in
dem sein Herz ihn aufforderte, sich mehr zu engagieren, dann
war es dieser.

Zwei Jahre ging das so: Geld bei Freunden sammeln, Geschenke kaufen und an Heiligabend an die Kinder verteilen. Eigentlich einfach, oder? Heute ist alles anders, größer, effizienter.
Statt Spielzeug kaufen sie heute vermehrt medizinische Produkte und erfüllen Lebensträume. Aus den anfangs tausend
Mark sind nämlich nach nur zwölf Jahren Spenden in Höhe von
fünfhunderttausend Euro geworden – jedes Jahr. Trend: weiter steigend. Aus einem spontanen Krankenhausbesuch ist eine bundesweit anerkannte Hilfsorganisation mit Sitz in Dortmund entwachsen: der Verein Kinderlachen, der sich bis heute
um kranke und sozial benachteiligte Kinder kümmert. Kinderlachen ist ein Verein mit nur zwei Menschen an der Spitze, die
anfangs fast jede freie Minute ihrer Freizeit nutzen, hart arbeiten, für Momente, die ihnen bis dahin verwehrt geblieben
sind – und die vielen auf ewig verwehrt bleiben. Momente,
wenn ein Kind lacht, dem eigentlich zum Weinen zumute ist,
oder wenn ein todkrankes Kind neuen Lebensmut fasst. Marc
und Christian brauchen anfangs kein eigenes Startkapital, keine Promis. Sie investieren Zeit, ein wertvolles Gut. Sie investieren es gerne, teilweise sogar dreißig Stunden pro Woche, neben

der Arbeit. Marc ist Kaufmann bei einem Unternehmerverband und betreut mittelständische Betriebe, Christian Vertriebsleiter bei einem Transportunternehmen – Jobs, die sie fordern, die ihnen Spaß machen. Trotzdem gehen die beiden auch nach Feierabend an ihre Leistungsgrenzen. Vermutlich wäre es auch möglich gewesen, mit weitaus weniger Aufwand zu starten. Doch die beiden jungen Männer sind verknallt in ihre Idee, süchtig nach dem Gefühl, das sie in dem Moment übermannt, wenn sie vor den Kindern sitzen. »Eigentlich«, sagt Marc noch heute, »ist das alles doch ein einziger Egoismus, was wir tun. Andere spielen Tennis oder Golf, wir machen Kinderlachen. Das ist unsere Erfüllung, keine Arbeit.«

Mittlerweile organisieren sie eine Spendengala, veranstalten Benefiz-Fußballturniere oder Eishockeyspiele und versteigern Unikate. Während des Galaabends, der über neun Monate hinweg vorbereitet werden muss, verleihen sie eine Auszeichnung, den Kind-Award. Der Preis geht an ehrenamtlich tätige Menschen, die dasselbe Ziel verfolgen wie Marc und Christian: die Welt ein bisschen besser zu machen.

Hätten sie geahnt, dass einer von beiden irgendwann seinen Job aufgeben müssen würde, um der Termindichte Herr zu werden, hätten sie sich die Sache mit dem Verein sicher gründlicher überlegt. Hauptberuf Wohltäter? Nein, das geht nicht, wird nie gehen, denken sie am Anfang. Immerhin fängt alles ziemlich klein an: Zwei Jahre hintereinander fahren sie Heiligabend ins Kinderklinikum, überreichen ihre Spielkiste, reden mit den Kindern und gehen wieder. Gutes tun ist so einfach, so machbar – für jeden. Egal, wie viel Geld, Zeit oder Verpflichtungen man hat. Egal, wo man wohnt und aus welcher sozialen Schicht man kommt.

Doch der Wunsch nach mehr wird Jahr für Jahr, Kinderlachen für Kinderlachen, stärker. Und der Zufall – ist es Schicksal? – hilft tatkräftig mit: An einem Sonntag im Jahr 2002 trifft Christian im Dortmunder Stadtteil Kirchhörde einen Mann am Briefkasten, den er in seiner Jugend immer bewundert hatte: Michael Rummenigge. Er bittet ihn zu sich nach Hause, nur wenige Schritte um die Ecke, und fragt nach einem Autogramm auf jenes Bayerntrikot aus den Siebzigerjahren, das die Namensaufschrift »Rummenigge« trägt. Der einstige Nationalspieler nickt geschmeichelt und folgt Christian. Sie plaudern über Fußball, die großen Spiele, die bitteren Niederlagen. In der Wohnung angekommen, lenkt Christian das Gespräch bewusst auf Kinderlachen, erzählt von den kranken Kindern und fragt, ob er ihm und Marc nicht helfen möchte, die Werbetrommel zu rühren. Rummenigge, der seinen Bruder Karl-Heinz, heute Vorsitzender des FC Bayern München, bislang bei dessen Hilfsaktion »Keine Macht den Drogen« unterstützte, gefällt die Idee. Er will ohnehin etwas Eigenes machen, warum nicht also etwas in der eigenen Heimatstadt? Welch ein gutes Timing!

Glück ist das nicht. Manche mögen an Fügung glauben. Aber auch das trifft es nicht: Marc und Christian sind Überzeugungstäter – überzeugt von der eigenen Idee und überzeugend, wenn sie erzählen. Es ist ihr innerer Drang, von ihrer Idee zu schwärmen. Das ist keine Angeberei, kein falscher Stolz, das ist echtes Herzblut – das spüren ihre Gesprächspartner. Um jemanden für eine Idee zu gewinnen, muss man darüber reden, sich aus der Defensive trauen, Ablehnung ertragen. Die Rechnung ist simpel: Wäre es eine schlechte Ausbeute, wenn nur jeder Zehnte, den die beiden ansprechen, für Kinderlachen einen Euro spendete?

Natürlich nicht, schließlich haben auch die neun anderen, die nichts spenden, somit ebenfalls von der neuen Hilfsorganisation gehört. Und wer weiß: Vielleicht erzählen sie von ihrer Begegnung mit Marc und Christian auf der Arbeit, im Sportverein oder in der Familie. Ohne Startkapital und die Möglichkeit, eine pfiffige Fernsehwerbung zu kreieren, steigern die beiden ihre Bekanntheit allein über die Mundpropaganda. Marc und Christian müssen in jedem Gespräch überzeugen, es kommt allein auf sie an. Sie haben keine Rhetorikkurse belegt, aber die brauchen sie auch nicht: Ihnen genügt Herzblut.

Die Begegnung mit Michael Rummenigge trägt Früchte. Ein Jahr später findet auf Sylt das erste Benefiz-Fußballspiel statt. Als Spieler organisiert er unter anderem: Matze Knop. Der Comedian, der die Stimmen von Beckenbauer, Klopp und Kahn wie kein anderer imitieren kann, kommt mit den zwei Gründern ins Gespräch. Es ist Sympathie auf den ersten Blick, auf beiden Seiten. Rummenigge und Knop sind seither Schirmherren bei Kinderlachen – ein Titel, den die Organisatoren bis heute sonst niemandem verliehen haben. So sind sie die einzigen prominenten Gesichter von Kinderlachen, holen Sponsoren an Bord und sorgen durch ihre Bekanntheit für Aufmerksamkeit für die Organisation. Erst 2013 erspielt Matze Knop im Duell mit Günter Jauch zehntausend Euro für Kinderlachen. In einer anderen Woche sitzt er bei der WDR-Sendung »Zimmer frei« und schwärmt ausgiebig vom Verein. Prominente mit gutem Image sind für Hilfsorganisationen das, was überragende Abwehrspieler für Fußballvereine sind: Gold wert. Vielleicht passt es deshalb so gut, dass Neven Subotic, der Verteidiger in Diensten von Borussia Dortmund, auch als Botschafter von Kinderlachen fungiert.

Rummenigge ist eher der Stratege. Er empfiehlt den beiden Gründungsvätern gleich zu Beginn der Kooperation, einen Verein zu gründen. Das hat einen einfachen Grund: Vereine können Spendenquittungen ausstellen, und Unternehmen können ihre Spenden von den Steuern absetzen. Das ist der einzige Tipp, den das Duo Marc und Christian befolgt. »Für Rat hatten wir anfangs ansonsten gar keine Zeit«, sagt Marc. Als ihnen die Fachleute empfehlen, kurzfristige, mittelfristige und langfristige

Ziele festzulegen, fragt er provokant: »Warum sollten wir das tun?« Er ließ es bleiben – und wurde bis heute nicht mehr nach diesen ach so wichtigen Zielen gefragt.

Marcs Tipp

Wenn du ein Projekt planst, musst du wissen, wohin die Reise gehen soll. Unser Ziel lautete: immer mehr Geld einsammeln. Wie du siehst: Wahnsinnig präzise war das nicht formuliert. Dennoch ist es wichtig, auch eine Hilfsorganisation von Beginn an wie ein Unternehmen zu sehen. Einen Businessplan musst du dafür aber nicht aufstellen.

Es ist nicht so, als wäre alles reibungslos vorangegangen, ganz im Gegenteil: Eine Hilfsorganisation, die niemand kennt, will auch niemand unterstützen. Es geht um Geld und Vertrauen. Vertrauen ist die Basis, um Geld gespendet zu bekommen. Deshalb wollen sie bekannter werden – und schauen sich etwas bei den großen Organisationen ab. Ein kluger Schachzug: Wie so oft ist es nämlich gar nicht notwendig, das Rad neu zu erfinden – man muss es manchmal nur ein Stück weiterdrehen. Also laden sie 2005 zu einer festlichen Preisverleihung: ein kleines Essen, nicht mehr als hundert Gäste und zwei Prominente, die für ihr ehrenamtliches Engagement ausgezeichnet werden. So viel zum Plan.

Der erste Schritt aus der Anonymität heraus ist jedoch schmerzhaft: Marc schreibt hundertzwanzig Prominente an, per Post, per E-Mail, persönlich an sie oder an ihr Management gerichtet. Von den meisten bekommt er nicht einmal eine Antwort, von den wenigen übrigen immerhin eine Absage. Damit müssen alle rechnen, die als Newcomer starten – egal, ob die Angeschriebenen Promis, Kunden oder Unternehmen sind. Es ist fast immer so, dass der Anfang enorm mühselig ist. Die einzigen Prominenten, die sich melden, sind Uta Ohoven, die Unesco-Sonderbotschafterin, und Schauspieler Heinz Hoenig, Gründer der Initiative Heinz der Stier, die sich um psychisch traumatisierte Kinder und Jugendliche kümmert. Beide antworten, dass sie zwar gerne kommen würden, der Termin jedoch mit anderen kollidiere. Also nimmt Marc mit Ohoven und Hoenig erneut Kontakt auf, zudem mit Rummenigge und Knop, die ebenfalls ausgezeichnet werden sollen, und versucht einen neuen gemeinsamen Termin zu finden. Vier Prominente kurzfristig zusammenzubringen, wie soll das gelingen? Doch die Suche nach der Nadel im Heuhaufen gelingt, ein geeigneter Termin findet sich.

Jetzt muss alles schnell gehen: Ein Saal muss her, doch nichts ist mehr frei, lediglich das Panoramaforum in der Westfalenhalle. Panoramaforum: Das klingt weltoffen, edel und groß, doch es ist nicht mehr und nicht weniger als der Flur der Westfalenhalle. Andere hätten spätestens jetzt das Handtuch geworfen, aber Marc und Christian wollen ihre Veranstaltung durchziehen, im Notfall auch auf dem Flur. »Keine Faser meines Körpers hat je daran gezweifelt, dass es klappen könnte. Aber ich muss zugeben: Ich fühlte mich sehr oft überfordert«, sagt Marc heute.

Dass Ohoven kurz vorher noch krank wird, mit einer Absage liebäugelt, dann aber doch kommt – geschenkt. Dass ein Stalker droht, einen Promi abzustechen – nervenaufreibend, aber verkraftet. Als sich die lokale Dortmunder Presse am Tag nach der Gala jedoch darüber in einem Kommentar beschwert, nicht genügend »hofiert« worden zu sein, müssen die beiden Gründer dann doch kräftig schlucken. Sie lernen daraus, und handeln: Sie holen mit Stefan Kalisch einen Mann für die Pressearbeit ins Boot. Trotz aller Widerstände und Unwägbarkeiten entpuppt sich das gemütliche Essen auf dem Flur als Startschuss für eine außergewöhnliche Entwicklung.

Heute findet die Gala im zweitgrößten Saal der Westfalenhalle statt. Die Prominenz kommt, die Paparazzi folgen – und von Jahr zu Jahr werden es mehr. Siebenhundert finanzkräftige Besucher sind es mittlerweile, es gibt ein Drei-Gänge-Menü und Unterhaltung zwischen Musik, Gesang und Comedy. Die Eintrittskarte kostet zweihundertvierzig Euro – ist ja für den guten Zweck. Die Versteigerung von exklusiven Einzelstücken, die Kinderlachen jährlich Tausende Euros in die Kassen spült, moderiert seit 2010 Oliver Pocher. Die Liste der Preisträger zieren Namen aus allen Bereichen des öffentlichen Lebens: Die Schauspielerinnen Jutta Speidel und Uschi Glas holten sich in den vergangenen Jahren ebenso den Kind-Award ab wie Box-Champion Henry Maske oder Schwimmstar Franziska van Almsick.

Um eine Sportlegende muss Marc ganz besonders buhlen: Tennisikone Roger Federer. Das erste Anschreiben beantwortet er nicht, das zweite mit einer Absage, irgendwann antwortet er: »Versuch's doch mal bei Tommy Haas!« Aber Marc will nicht Haas, er will Federer und mit ihm noch mehr Medieninteresse. Vierzehn Monate dauert der Ballwechsel, ständig geht es hin und her, bis Federer endlich zusagt – eine Sensation. Die Geduld und Hartnäckigkeit haben sich erneut ausgezahlt. Seither pflegen der Tennisstar und die Kinderlachen-Macher einen losen Kontakt. Mal schickt Federer einen Schläger zur Versteigerung, mal das Gründerduo einen Babystrampler zur Geburt seiner Kinder.

Für beide Seiten eine Ehre: Marc Peine (r.) und Christian Vosseler zeichnen Tennisikone Roger Federer mit dem Kind-Award aus.

Es ist die Welt, die in der Öffentlichkeit spielt, im Rampenlicht. Doch die Hilfsorganisation spielt nur an einem Tag im Jahr auf dem roten Teppich. »Ein Galaverein sind wir nicht«, sagt Marc. Ihm geht es immer um die Kinder – so wie im Fall des sechzehnjährigen Vladek. Der hat einen Tag vor Marc Geburtstag, ist sterbenskrank, sein Körper voller Metastasen. Marc redet lange mit Vladek, sie nehmen sich in den Arm, weinen zusammen. Er schenkt ihm ein BVB-Trikot, Vladeks Augen funkeln. Sie schauen sich tief in die Augen und versprechen sich, gemeinsam den nächsten Geburtstag zu feiern. Eine Woche später, der Geburtstag noch in weiter Ferne, ein Anruf: Vladek ist friedlich eingeschlafen.

Sommer 2007: Dieser Tag ist keiner, der sich zwingend für einen Umzug anbietet. Draußen ist es nasskalt und diesig, drinnen schleppen sie große Kartons in den dritten Stock eines

Bürokomplexes. Marc und Christian mieten ihr erstes eigenes Büro. Sie brauchen Lagerfläche, einen Rückzugsort, denn das Nebenherprojekt ist inzwischen ganz schön groß geworden. Doch sie müssen lernen: Wer Gutes tut, bleibt vom Pech nicht verschont. Als Untermieter müssen die beiden Wohltäter drei Mal umziehen. Jedes Mal heißt das: alles abbauen, in Kisten packen, hinunterschleppen, Kisten auspacken. Anstrengend ist das, keine Frage, doch das Duo lässt sich nicht unterkriegen und beschließt, künftig selbst Mieter zu werden und Büroräume unterzuvermieten. Das klappt nun seit fünf Jahren vorzüglich. Marc und Christian haben anfangs etwas Eigenes gestartet und kommen durch die vielen erzwungenen Umzüge zu der Erkenntnis: Wir sollten immer unser eigenes Ding machen, unabhängig von anderen.

Im Vergleich zu dem, was sie mit Kinderlachen sonst erleben, ist dieser Umzugsstress eine Bagatelle. Da sind nämlich Geschichten wie die von Tobias: Dreizehn Jahre ist er alt, BVB-Fan, seit er denken kann. Fast jedes Heimspiel hat Tobias mit seinem Papa im Stadion verfolgt, Südtribüne. Echte Liebe gibt es für ihn nur im Fußball, eine Freundin hatte er noch nicht. Seit Monaten wartet er schon auf einen Organspender. Über Bekannte erfährt Marc vom Schicksal des Jungen. Er ruft Kinderlachen-Botschafter und BVB-Spieler Neven Subotic an und fährt mit ihm zur Düsseldorfer Uniklinik. Die Überraschung sitzt, Tobias' Traum wird wahr. Subotic sagt zu dem Jungen: »Du schaffst das. Und wenn du hier raus bist, feiern wir im Stadion zusammen, dass du gesund bist.« Tobias fasst neuen Lebensmut, für ein paar Tage. Doch das Organ kommt nicht, Tobias stirbt.

2007 ist für die beiden Gründer ein richtungsweisendes Jahr. Sie sind nicht nur in ein eigenes Büro gezogen, seitdem steigen auch die Spendengelder um bis zu achtzigtausend Euro jährlich. »Es ist leichter zu sagen, wir legen noch eine Schippe drauf, als zu sagen, wir rudern ein wenig zurück«, sagt Marc. Doch der stetig wachsende Erfolg führt zu Konsequenzen, die sie nie eingeplant hatten und eigentlich auch zu verhindern versuchten. Bis zu dreißig Stunden investieren die beiden jede Woche neben der Arbeit für Kinderlachen, planen, nehmen Sponsorentermine wahr, repräsentieren, organisieren und beantworten bis zu fünf Faxanträge täglich. Es sind Hilfegesuche von Familien, rührselige Anfragen von Menschen, die Kinder kennen, die es schwer haben im Leben – denen Kinderlachen helfen könnte, langfristig oder vielleicht auch nur für einen kurzen Moment. Gleichzeitig macht sich Unmut bei Unterstützern und Spendern breit, da die Vereinsgründer Termine erst ab siebzehn Uhr wahrnehmen können. »Wenn du eine halbe Million Euro verwaltest, musst du das gegenüber den Spendern auch abbilden können. Das geht dann nicht mehr nebenher«, erklärt Marc.

Nach elf Jahren Sowohl-als-auch kündigt er seinen Job und engagiert sich hauptamtlich für Kinderlachen. Die Arbeitszeit ist nun noch mehr geworden: Bis zu sechs Termine nimmt Marc täglich wahr, die er zuerst vor- und später nachbereiten muss. Er verdient jetzt weniger als vorher, aber er ist zufriedener. Seit Kinderlachen existiert, er Jungs wie Lukas, Vladek und Tobias kennengelernt hat, hat er den Begriff »Problem« aus seinem Sprachschatz verbannt. Ein Problem hatte er nämlich nie, zumindest nicht so eines – und schon gar nicht in einem Alter, in dem man Kind sein soll und nicht ein sterbenskranker Patient.

Marcs Tipp

Du musst auch mal Nein sagen – gerade, wenn dein Nebenprojekt darin besteht, anderen zu helfen. Es werden gewiss Menschen kommen, die dir helfen wollen, aber auch viele, die selbst von dir profitieren möchten. Einmal hat ein Unternehmen für seine Firmenfeier Matze Knop angefragt. Als sie die Gage für einen Auftritt hörten, riefen sie bei uns an und boten uns eine Spende an – doch nur, wenn Matze Knop den Scheck in Empfang nimmt und dabei seine Comedy-Nummer vollführt. Die in Aussicht gestellte Spende war ein Achtel der Gage. Wir lehnten dankend ab.

Einen Verlust von Sicherheit spürt er nach seiner Kündigung nicht. Sicherheit? »Die gibt es doch nirgendwo«, sagt er. Im Gegenteil: In naher Zukunft soll auch Christian hauptamtlich für Kinderlachen tätig werden. Wie sie das anstellen wollen? Mithilfe einer Vision, die den Verein auf noch selbstständigere Beine stellen soll: das Kinderlachen-Zentrum. Ein Fußballplatz soll sich mitten in diesem Zentrum ausbreiten, darum herum ein Kindergarten, eine Schule, beides in eigener Trägerschaft, dann noch ein Jugendtreff. Nach und nach soll alles gebaut werden. Kinder aus ausländischen Familien sollen hier Deutsch lernen, sie sollen früh gefördert werden, damit die Armutsspirale zumindest in Dortmund durchbrochen werden kann. Es klingt für Unbeteiligte wie ein gewaltiges Luftschloss. Es ist wie im Fall Federer: Eigentlich ist das eine Nummer zu groß, doch wer Marc in die Auge schaut, sieht erneut diesen Drang, auch das auf die Beine zu stellen. Finanziert werden soll das Zentrum durch Investoren.

Kinderlachen erfüllt nicht nur letzte Wünsche, manchmal spendet der Verein dem Beschenkten so viel neue Energie, dass er die Kehrtwende schafft – weg vom Sterbebett, hinein ins Leben. Eines Tages ruft die Kinderklinik bei Marc und Christian an: Ein vierzehnjähriger Junge, der sein halbes Leben bereits im Krankenhaus verbracht hat, würde sich nichts sehnlicher wünschen, als ein BVB-Spiel live im Stadion zu sehen. Aufgrund der Kooperation mit Borussia Dortmund ist das keine große Herausforderung, also gehen sie einen Schritt weiter: Der Junge darf die Mannschaft bei einem Geheimtraining kennenlernen. Doch wenige Tage vor dem schönsten Tag seines Lebens geht es dem Jungen so schlecht, dass die Ärzte sagen: Wenn nicht jetzt, schafft er es wohl nie wieder! Aber er schafft es zu dem Training, die Spieler unterschreiben auf seinem Trikot und lassen sich gemeinsam mit ihm fotografieren. Zum Schluss schenkt Trainer Jürgen Klopp ihm seine Kappe und sagte mit ernster Miene: »Nun haben wir dir einen Gefallen getan, jetzt bist du dran.« Der Junge schaut ihn fragend an und Klopp antwortet: »Jetzt musst du gesund werden, um uns im Stadion bald anzufeuern.« Und tatsächlich: Die Motivationsspritze verfehlt ihre Wirkung nicht – dem Jungen geht es inzwischen wieder gut.

Geschichten wie diese bewegen Marc und Christian, sie geben ihnen Mut und die Kraft weiterzumachen. Aus den losen Bekannten von früher sind heute gute Freunde geworden: zwei Männer, die helfen und die Welt ein Stück besser machen wollten. Sie haben es geschafft – ohne Startkapital, dafür mit umso mehr Ideenreichtum und Engagement. Nein, sie mussten keine Ausreden suchen oder ihren dichten Terminkalender vorschieben. »Es ist reiner Egoismus gewesen«, sagen sie, sie hätten lediglich auf ihr Herz gehört. Und dieses hat laut gerufen, damals an Heiligabend, vor vielen Jahren.

Was sagt dir dein Herz? Was ist dein Ding? Manchmal ist es nur ein klitzekleiner Moment, manchmal ein kurzer Satz, der dich berührt – ein Gefühl, das dich auffordert, dich zu engagieren. Das kannst du überhören, aber du kannst es auch ernst nehmen und dich für eine gute Sache öffnen. Dafür kannst du etwas deiner Zeit opfern und wirst vielleicht schnell bemerken, dass es gar kein Opfer ist. Falls du Marc bei Kinderlachen unterstützen oder selbst eine Organisation gründen möchtest, steht er dir für Fragen zur Verfügung. Schick ihm einfach eine E-Mail an peine@kinderlachen.de.

Samstag, 2. November: Dortmund

Das größte Gut einer Hilfsorganisation ist Vertrauen. Nur wem wir vertrauen, überlassen wir unser Geld. Prominente Paten sind das Salz in der Suppe einer jeden karitativen Institution: Sie werben bei einem breiten Publikum und sorgen mit ihrem Gesicht für Glaubwürdigkeit und Vertrauen. Kinderlachen ist auch deshalb so schnell so groß geworden, weil es fast von Anfang an bekannte Persönlichkeiten an seiner Seite hatte. Das Interview mit Marc in einem Lokal auf dem Dortmunder Friedensplatz liegt schon Monate zurück, da kommt eine prominente Unterstützerin unverhofft dazu: die amerikanische Sängerin Beyoncé.

Die mehrfache Grammy-Gewinnerin rief im März 2014 am Rande ihrer beiden Konzerte in Köln zu Spenden für Kinderlachen auf. Kinderlachen war damit die einzige Organisation, die der Megastar in Deutschland unterstützt hat. Über den Konzertveranstalter, den Marc und Christian durch ihre Tätigkeit für Kinderlachen kennen, gelangt ihre Bewerbung an das Management von Beyoncé – doch die beiden Kinderlachen-Gründer rechnen sich kaum Chancen aus.

Es kommt aber anders: Beyoncé entscheidet sich für Kinderlachen, wirbt auf ihrer Homepage, der sechzig Millionen Fans folgen. Sechstausendfünfhundert Euro kommen am Ende zusammen. Doch eine Zahl ist noch viel bedeutender: Die Aufrufe der Kinderlachen-Facebookseite schnellten in dieser Zeit nach oben – von ansonsten fünfeinhalbtausend Aufrufen pro Monat auf mehr als eine halbe Million Klicks. »Der Bekanntheitsgrad von Kinderlachen ist langfristig mindestens genauso wichtig wie eine direkte Geldspende«, sagt Marc.

Als wir ihn nach Anekdoten mit Prominenten fragen, winkt er augenzwinkernd ab. Da gebe es nichts zu erzählen, und falls doch, habe er es auch gleich wieder vergessen. »Ob ich mit euch oder Beyoncé rede, macht für mich keinen Unterschied. Bei einem Mini-Fußballturnier meines Sohnes bin ich nervöser«, sagt Marc. Der direkte Kontakt zu den Promis gehört schließlich zum Geschäft einer guten Sache.

Wir werden vermutlich keine Hilfsorganisation gründen. Und doch nehmen wir das Gefühl mit, jederzeit die Möglichkeit zu haben, die Welt ein Stück besser zu machen. Dafür ist es noch nicht einmal erforderlich, eigene Opfer zu bringen. Marc sagt, es sei Egoismus. Wir sagen, es ist Egoismus im besten Sinne. Oder anders formuliert: Enjoy the process!

9

ASTRID WEIDNER MACHT DAS
BESTE ABI IHRES JAHRGANGS,
BEKOMMT WÄHREND DES STUDI-
UMS ZWEI KINDER UND SCHLIEßT
IHR DIPLOM TROTZDEM MIT AUS-
ZEICHNUNG AB. IM GROßKON-
ZERN ANGEKOMMEN, BEKOMMT
SIE IHRE SCHWÄCHE ZU SPÜREN:
SIE IST VON GEBURT AN BLIND.
HEUTE ZÄHLT SIE ZU DEUTSCH-
LANDS AUßERGEWÖHNLICHSTEN
COACHES.

SCHWÄCHE? SIEH GENAUER HIN!

Hast du dir jemals die Frage gestellt, was eigentlich »normal« ist? Was bedeutet »Normalität«? Bist du »normal«? Die Frage mag dir eigenartig vorkommen. Aber sie ist enorm wichtig, wenn es darum geht, ausgetretene Pfade zu verlassen und andere zu suchen. Wenn du die Antwort kennst, stehen dir ganz neue Möglichkeiten offen – solche, die bisher einfach nicht normal waren.

Was ist nun »normal«? Normal ist nichts Fixes, sondern lediglich das, was Menschen dafür halten – eine reine Definitionssache. Was dir vielleicht normal erscheint, ist das, was die Menschen um dich herum als normal definieren: deine Familie, deine Freunde, die Gesellschaft, und letztlich du selbst. Dies geschieht manchmal explizit, offen ausgesprochen, und noch viel häufiger implizit, also nur durch Gesten, Bemerkungen, Blicke. Es mag für dich das Normalste der Welt sein, dass man im Restaurant mit Besteck isst. Es mag für dich normal sein, dass das beste Studium ein möglichst kurzes und geradliniges ist. Es mag für dich normal sein, dass du meistens das tust, was andere dir sagen. Egal, ob explizit ausgesprochen oder nur implizit angedeutet: Wenn du davon abweichst, was als normal gilt, wirst du es merken – oder gar nicht erst wagen, weil du die Konsequenzen kennst. Oder hast du schon mal im Restaurant das Besteck an die Seite gelegt und angefangen, deine Spaghetti mit den Fingern zu essen?

Normal zu sein, hat etwas Gutes, Beruhigendes. Wenn du normal bist und die Erwartungen deiner Mitmenschen erfüllst, dann gehörst du dazu, bist einer von ihnen. Vor vielen Jahrtausenden war das überlebenswichtig: Wenn du in der Steinzeit deine Gruppe verlassen hast oder ausgestoßen wurdest, warst du ziemlich schnell tot. Dies zu vermeiden, ist unser tiefster Instinkt – auch hier und heute noch, wo niemand sein Leben aufs Spiel setzt, wenn er die Herde verlässt und seinen eigenen Weg geht.

Um unser Überleben zu sichern, lässt sich unser Gehirn einiges einfallen. Es vermittelt uns das warme, behagliche Gefühl der Geborgenheit, wenn wir feststellen, dass wir immer noch zu unserer Gruppe gehören und nicht ausgestoßen wurden. Wie oft besucht der »normale« Mensch jeden Tag Facebook? Wie häufig holst du dir deine kleine, beruhigende Dosis Glück, indem du sichergehst, dass du immer noch dazugehörst, dass du auch genug Likes, Aufmerksamkeit und Anerkennung bekommst? Bist du eigentlich auch permanent online, hast immer dein Handy in der Hand, musst sichergehen, dass du dazugehörst und nichts verpasst? Mach dir nichts draus: Es sichert, zumindest historisch gesehen, dein Überleben. Und es gibt noch einen anderen Grund, warum uns manche Dinge, die für uns normal sind, häufig gar nicht mehr bewusst sind: Wir gewöhnen uns unglaublich schnell an das, was wir als Normalität akzeptieren – sobald wir aufhören, den Sinn und Nutzen einer Sache zu hinterfragen.

Ob das, was andere für normal halten, auch für sie selbst wirklich sinnvoll ist, ob sie normal sind und ob sie überhaupt normal sein wollen, das fragen sich manche Menschen nur ein einziges Mal in ihrem Leben: wenn sie als Teenager in die Pubertät kommen. Auch Astrid Weidner merkt als Teenager das erste Mal mit voller Wucht, dass sie anders ist als die anderen Jugendlichen in ihrer Oberstufenklasse. Sie ist gerade neu an die Schule gewechselt, als sie sich das erste Mal in ihrem Leben damit auseinandersetzen muss, ob sie dazugehört und ob sie überhaupt dazugehören will.

Astrid ist seit frühester Kindheit blind. Ihre Blindheit wird rezessiv vererbt, ihre Eltern sehen ganz »normal«, der letzte Fall der Krankheit liegt Generationen zurück. Die Eltern haben bereits vier Kinder, als ein Arzt zum ersten Mal die Diagnose stellt: Nicht nur Astrid ist blind, sondern auch ihre Schwestern sind stark sehbehindert und werden nach und nach ebenfalls erblinden. Zu diesem Zeitpunkt ist das nächste und gleichzeitig letzte Kind bereits unterwegs, wieder ein Mädchen. Es wird das einzige der fünf Kinder sein, das normal sehen kann.

Astrids Eltern geben den Kindern nie das Gefühl, anders zu sein. Die Schwestern liegen altersmäßig sehr nah beieinander und wachsen zusammen auf. Sie bemerken ihre Andersartigkeit gar nicht – für sie ist es normal, wie es ist. Ihre Kindheit erleben sie als schön und unbeschwert, was sich auch in ihren ersten Schuljahren nicht ändert. Astrid verbringt ihre neun Jahre Pflichtschulzeit zusammen mit ihren drei blinden Schwestern auf einem Internat in der Schweiz. Alle Schüler dort sind sehbehindert oder blind. Dieses Handicap ist dort ein gewöhnlicher Teil des Alltags: in der Schule, in der Freizeit und in den Wohngemeinschaften. Das Leben läuft auf seine Weise vollkommen normal und in Gewohnheit ab, aller Andersartigkeit zum Trotz.

Das ändert sich, als Astrid in der Oberstufe auf ein normales Gymnasium wechselt. Plötzlich ist sie nicht mehr eine von vielen, sondern die einzige »Unnormale« unter Hunderten. Sie muss sich plötzlich nicht nur damit auseinandersetzen, anders zu sein, sondern auch in der »normalen Welt« klarkommen. Wie geht das eigentlich, als Blinde den regulären Unterricht zu verfolgen? Astrid hat das große Glück, damals bereits so ähnlich arbeiten zu können, wie sie es auch heute tut – mithilfe des Computers. Lange bevor es üblich wird, dass jeder einen Computer zu Hause hat, besitzt sie bereits 1990 einen Laptop – unglaublich schwer, klobig, mit weniger Rechenleistung als jedes mittelmäßige moderne Smartphone. Aber der Computer ermöglicht ihr, mitzuschreiben und dem Unterricht zu folgen. Und sie hat das große Glück, dass sich die Schule darauf einlässt, sie aufzunehmen. Die Lehrer an ihrer Schule sind für den Unterricht mit Behinderten nicht besonders ausgebildet, aber sie wollen es probieren, sich darauf einlassen, flexibel sein und gute Kompromisse finden.

Es ist ein gegenseitiges Geben und Nehmen und eine ständige Suche nach der für alle Seiten besten Lösung. Natürlich ist das Tippen auf der Tastatur für Astrids Mitschüler manchmal störend, und natürlich ist es für die Lehrer ein Mehraufwand, ihr die Unterrichtsmaterialien in digitaler Form zu geben oder die Hausaufgaben zu diktieren, statt nur auf eine Seite im Buch zu verweisen. Jeder trägt seinen Teil dazu bei, dass das Ganze funktioniert. Und auch für Astrid ist es mehr Arbeit: Bei vergleichbarem Talent muss sie etwa dreißig bis vierzig Prozent mehr Energie aufwenden, um das gleiche Ergebnis wie ein normal sehender Mensch zu erzielen. Dies gilt grundsätzlich damals wie heute, denn Selbstorganisation bleibt ein Leben lang ein großes Thema in allen Bereichen: Haushalt, Arbeit, Studium, alleine von A nach B kommen – die Liste ließe sich beliebig weiterführen.

Richtig angenommen fühlt sich Astrid in der Schule dennoch nie. Sie ist nicht die Schönste, nicht der Klassenclown und auch nicht der Sportstar. Sie ist zwar immer dabei, aber richtig dazu gehört sie nicht. Die Außenseiterrolle schmerzt, und Astrid tut in ihren jungen Jahren, was ebenfalls so viele aus eigener Erfahrung kennen: Statt sich auf ihre Stärken, auf das, was sie als Mensch ausmacht, zu konzentrieren, versucht sie ihre Schwächen zu kompensieren. Wenn sie schon nicht zu den extrovertierten, allseits beliebten Schülern gehören kann, dann will sie wenigstens die Beste sein. Und sie schafft es: Sie legt ihr Abitur mit Auszeichnung ab und wird zusammen mit einer normal sehenden Schülerin Jahrgangsbeste. Es hat ihr alle Kraft abverlangt, denn um dieses Ziel zu erreichen, genügten nicht die üblichen dreißig bis vierzig Prozent Mehraufwand: Astrid musste mindestens doppelt so viel arbeiten wie die anderen.

Wer weiß nach dem Abitur schon genau, was er kann, und vor allem, was er möchte? Es ist eine der wichtigsten Entscheidungen, die das ganze Leben beeinflussen, doch viele entscheiden sich nach dem Ausschlussverfahren – danach, was alles nicht geht –, um am Ende zu schauen, was noch übrig bleibt. Wie hast du dich nach der Schule für deinen weiteren Weg entschieden? Eigentlich würde ich gerne, aber: Damit verdient man nicht genug, das hat keine Zukunft, das ist gerade überhaupt nicht gefragt. So denken viele, auch Astrid. Doch bei ihr kommt noch eine weitere Komponente hinzu: Eigentlich würde ich ja gerne, aber wie soll ich als Blinde denn einen Job finden? Astrid hat kein klares Berufsbild vor Augen, als sie sich entschließt, Wirtschaftsingenieurwesen zu studieren. Sie weiß nicht, was sie damit später mal machen wird, aber alle sagen, dass es keine schlechte Entscheidung ist. Irgendwo wird sie damit später schon unterkommen, das weiß sie, und das ist sogar viel wahrscheinlicher als mit Physik, dem Fach, das sie eigentlich viel lieber studiert hätte. Sie will auch im Studium ihre Rolle behalten, mit der sie sich in der Schulzeit ihren Platz in der Gruppe gesichert hat: Astrid will wieder zu den Allerbesten gehören.

Astrid beginnt ihr Studium an der Technischen Universität in Karlsruhe, an der es ein Studienzentrum für Sehgeschädigte gibt. Trotz dieser besonderen Unterstützung ist das Studium eine einzige Plackerei. Anders als an ihrer Schule ist es hier schlicht nicht möglich, auf die besonderen Bedürfnisse einer Einzelnen einzugehen und alles Geschriebene auch zu diktieren. Die Vorlesungen nützen Astrid daher gar nichts, bei Übungsgruppen ist es ähnlich: Die Aufgaben müssen innerhalb von einer Woche bearbeitet und zur nächsten Vorlesung wieder mitgebracht werden. Astrid und ihren sehbehinderten Kommilitonen bleiben dafür jedoch nur wenige Tage, häufig nur das Wochenende, denn für sie müssen alle ausgegebenen Materialien zunächst gescannt werden. Wieder ist es nötig, viel mehr Aufwand hineinzustecken, um auf den gleichen Output zu kommen. Astrid geht in der Masse hoffnungslos unter.

Wenn das System nicht passt und du es alleine nicht ändern kannst, bleiben dir nicht viele Alternativen. Astrid lamentiert nicht, verschwendet keine Zeit darauf, sich zu beschweren oder vermeintliche Rechte einzufordern. Sie entscheidet sich, ihr eigenes Ding zu machen: Wenn nicht mit euch, dann besser alleine. Fortan besucht sie keine Vorlesungen und Übungen mehr, sondern engagiert einen eigenen Tutor, der Übungsblätter nur für sie vorbereitet, und meidet die Welt der normal sehenden Studenten, zu der sie eh nie richtig gehört hat. Eigentlich ist es eine konstruktive Lösung, ein Ausweg aus dem Dilemma, jedoch ist es nicht die beste Lösung, die sie damit wählt. »Das war vollkommen idiotisch. Wir haben uns zurückgezogen, weil wir nur gesehen haben, was wir nicht konnten, aber nie, wie die anderen auch von unseren Stärken profitieren konnten«, sagt sie im Nachhinein. Die Rolle der Besten ist eine einsame – und sie ist doppelt einsam, wenn du sowieso anders bist.

Astrids Weg funktioniert, sie beendet das Studium mit Auszeichnung und einer 1,2 im Hauptdiplom, aber etwas ganz Essenzielles lernt sie in ihrem Studium nicht. Die Wichtigkeit des Unwichtigen: sich über Belangloses auszutauschen – über die letzte Folge der Lieblingsserie, den kommenden Urlaub oder über die nächste Party. Es gehört nicht zu ihrem Leben, und sie kann auch kein Verständnis dafür aufbringen, was es bringt, darüber zu sprechen. Belangloses führt nicht zum Ziel, dass es aber vielmehr der Kitt ist, der soziale Beziehungen zusammenhält, versteht Astrid nicht. So lernt sie nicht, soziale Kontakte aufzubauen. »Was nicht auf direktem Weg zum Ziel führt, lässt man lieber bleiben«, ist eine verbreitete Meinung. Wie schnell gewöhnt man sich an das, was alle sagen und was für sie als normal gilt.

Im Studium schwanger zu werden, ist für eine übliche Lebensplanung wohl nicht normal. Astrid ist das egal: Sie möchte Kinder, das ist für sie schon immer klar. Doch die mühsam erarbeitete Karriere dafür irgendwann zu unterbrechen, das will sie nicht. Sie lernt ihren Mann bereits in jungen Jahren kennen, er ist der Trainer ihrer Torballmannschaft, einer Behindertensportart. Ihr Mann ist nicht sehbehindert, aber dennoch an die Welt der Nichtsehenden gewöhnt, denn sein Vater ist ebenfalls blind. Die üblichen Berührungsängste zwischen behinderten und nichtbehinderten Menschen existieren zwischen den beiden nicht, sie heiraten bereits nach kurzer Zeit. Kurz bevor Astrid ihr Studium abschließt, erwartet sie ihr zweites Kind. Das erste hatte sie bereits nach dem Grundstudium bekommen – sie genießt es, die Kinder in ihrer Unbeschwertheit zu erleben, »eine Auflockerung zu meinem sonst zu verkopften Leben«, wie sie sagt. Zwei Kinder im Studium zu bekommen, ist sicher eine erhebliche Mehrbelastung, doch sie ist ja gewohnt, dass ihr Leben immer etwas komplizierter als das der anderen verläuft. Astrid ist in der Lage, den Preis für ihre hochgesteckten Ziele zu bezahlen – noch.

Wie damals, bei dem Wechsel an die normale Schule, lernt Astrid bald erneut, was es bedeutet, nicht normal zu sein und herauszuragen aus der großen Masse. Ihre Initiativbewerbung an einen großen deutschen Automobilkonzern trägt Früchte: Sie bekommt die gewünschte Teilzeitstelle, es geht um strategische Arbeits- und Personalpolitik. Das Ziel scheint erreicht, Astrid ist genau dort angekommen, wo sie immer hinwollte. Doch sie scheitert, und das trifft sie mit voller Wucht. Völlig unvorbereitet und ohne richtig zu verstehen warum, merkt Astrid, dass sie auf der Arbeit nicht in der Lage ist, ihre gewohnte Leistung zu bringen. Sie bringt irgendwann überhaupt keine Leistung mehr, verliert ihren Antrieb, bekommt Bauchschmerzen beim Gedanken an die Arbeit.

In der Arbeitswelt definieren sich Leistung und Erfolg nicht mehr über effektives Lernen und gute Noten, sondern besonders über den Umgang mit anderen Menschen. Andere geschickt einbinden, Politik betreiben, Entscheidungen beeinflussen – all das ist in einem großen Konzern vielleicht noch wichtiger als in einem kleinen Unternehmen, wo Entscheidungen direkter getroffen werden können und Politik keine derartig große Rolle spielt. In der Welt, in die Astrid eingetreten ist, geht es häufig nicht darum zu sagen, was richtig und sinnvoll ist, sondern darum, einfach dem zuzustimmen, was von oben gewollt ist. Die Konzernwelt ist nichts anderes als Facebook: Es gibt zwar keine Likes, aber es geht ebenso darum, Anerkennung zu bekommen und sich den Regeln anderer anzupassen, um zur Gruppe zu gehören. Astrid gehört nicht dazu, es ist nicht ihre Welt. Sie hat nicht gelernt, sich an die Welt der Sehenden richtig anzukoppeln. An der Uni gab es keine Kurse über Smalltalk, das Einbinden von Menschen oder Gruppendynamik. Es sind Kompetenzen, die sich Astrid auf ihrem erfolgreichen, aber einsamen Weg durchs Studium nicht aneignen konnte.

»Welches Umfeld brauchen Sie?«, fragen ihre Vorgesetzten ganz ohne Vorwurf. Sie sehen das Talent und den Ehrgeiz der jungen Frau und spüren dennoch, dass sie bei ihnen nicht glücklich wird. Astrid kennt die Antwort auf die Frage nicht. Trotz aller Praktika im Studium hatte sie kein klares Berufsbild vor Augen, als sie sich bei dem Großkonzern bewarb. Es wird schon richtig sein, schließlich ist das doch der Ort, wo eine der Besten hin muss, um Karriere zu machen, oder? Das ist es doch, was man so sagt. Astrid hatte es so häufig gehört, dass sie sich an diese Vorstellung irgendwann gewöhnt hat. Sie hat dieses Ziel als »normal« akzeptiert und von da an nie wieder hinterfragt. Nun hat sie es ausprobiert und schmerzhaft zu spüren bekommen, dass diese von anderen bestimmte Normalität nicht ihre ist. Diese Erfahrung ist eine bittere Medizin, aber eine notwendige.

Der Schock sitzt tief, und Astrid nimmt eine Auszeit. Sie muss einen großen Schritt zurückgehen, um einen breiten Blick auf das große Ganze, das vor ihr liegt, zu werfen. Es ist Zeit, eine neue Perspektive auf die Lebensplanung einzunehmen, egal, ob es vom bisherigen Ziel wegführt – und vielleicht ist dies ja genau die richtige Richtung. Sie zieht sich in die zweite große Rolle ihres Lebens zurück: die der zweifachen Mutter. Sie empfindet es als großes Glück, dass sie diese Möglichkeit hat und ihr Mann sie dabei unterstützt. Er spricht ihr zu, baut sie auf: »Das ist jetzt halt nichts gewesen. Dann wird es eben etwas anderes.« Es klingt simpel, fast zu simpel angesichts des in Astrids Dimensionen katastrophalen Scheiterns, und dennoch liegt in dieser Sicht viel Wahres. Wenn du das System nicht ändern kannst, dann mach dein eigenes Ding – das kennt Astrid schon. Nur diesmal würde sie es anders machen, besser als damals an der Uni.

Astrids Tipp

Solange du nicht weißt, was du brauchst, kannst du auch nicht gezielt danach suchen! Deshalb: Mach so viele Erfahrungen wie möglich, scheue nicht zurück, sei nicht zu ängstlich. Gerade zwischen zwanzig und dreißig darf man auch mal daneben langen – das verzeiht dir jeder.

Astrid ändert konkret zwei Dinge, die vielleicht banal klingen, aber in Wahrheit grundlegend sind: Astrid schafft es endlich, ihre Perspektive zu ändern – weg vom Ausschlussverfahren, weg mit den Gedanken darüber, was möglich und vernünftig ist. Sie konzentriert sich nicht mehr auf das Offensichtliche, nicht mehr auf das, was sie alles nicht kann, sondern nutzt ihre Auszeit, um zu entdecken, was nicht offensichtlich ist: Was zeichnet sie aus? Was kann sie richtig gut? Wie können andere Menschen von ihr profitieren? Sie hat sich ein Leben lang daran gewöhnt, zu fragen, wie sie anderen mit ihrem Handicap möglichst wenig zur Last fällt. Nun nimmt sie sich endlich Zeit, dies gründlich zu hinterfragen. Anderen eine Last zu sein, war lang genug ihre Normalität.

Die zweite Veränderung ist ebenfalls nichts anderes als eine Einstellungssache: Nicht mehr »ich muss«, sondern »ich darf«, nicht mehr, »es muss mir gelingen«, sondern »so oder so wird mir diese Erfahrung nutzen«. Als Astrid neben ihrer Aufgabe als Mutter die Ausbildung zum Systemischen Coach anfängt, hat sie eine neue Philosophie gewonnen: Sie startet völlig ergebnisoffen und ohne klar gefasste Vorstellung, welches Ziel am Ende dieses Weges stehen soll. Nein, es geht ihr nicht mehr allein um das Ziel, der Weg ist ihr sehr viel wichtiger. Astrid lernt in der Ausbildung nicht nur Neues hinzu, sie nutzt auch die Chance, sich immer weiter mit sich und ihren Mitmenschen auseinanderzusetzen, sich immer wieder aufs Neue zu fragen, wo ihr Platz in der Gruppe ist und wie die anderen von ihr profitieren können. Sie holt nach, was sie bisher nicht gelernt hat – und auch nicht lernen konnte.

Am Ende der zweijährigen Ausbildung ist sie gereift, und auch erst am Ende dieses Prozesses erkennt sie ihr Ziel: Sie möchte Führungskräfte unterstützen und coachen, am Anfang vor allem im Hospizbereich – dort, wo menschliche Beeinträchtigungen nichts Ungewöhnliches sind. Sie konzentriert sich mit ihren Coachings vor allem auf den bewussten Einsatz von Sprache. Ihr Hörsinn ist außergewöhnlich gut ausgeprägt, die kleinsten Nuancen von Ton und Stimmfarbe geben ihr Aufschluss über den Sprechenden. Ihre besondere Fähigkeit zum Feedback auf Gehörtes, auf die feinen Zwischentöne, ist ihr Alleinstellungsmerkmal als Coach. Bevor sie 2007, mit zweiunddreißig Jahren und zwei kleinen Kindern, ihr Unternehmen TriMentor grün-

det, hat sie sich viel Zeit gelassen, damit sie nicht mehr sprichwörtlich blind irgendeinem Ziel hinterherläuft, sondern sich sicher sein kann, dass diese neue Aufgabe wirklich etwas für sie
ist: Am Anfang arbeitet sie ehrenamtlich, um zu lehren und zu
lernen.

Das Risiko der Unternehmensgründung empfindet sie als gering. Was soll schon passieren? Das Gefühl des Scheiterns kennt
sie nun schon, es würde sie sicher nicht noch einmal so treffen. Das finanzielle Risiko ist ebenfalls überschaubar, schließlich braucht sie nur eine erste Geschäftsausstattung mit Webseite, Infomaterial und Visitenkarten. Astrid fängt zu Hause im
Homeoffice an und richtet sich erst sehr viel später Büroräume
ein. Wenn es nicht klappen sollte? Dann hätte sie ein paar tausend Euro in den Sand gesetzt oder, besser gesagt, für Erfahrungen bezahlt. Im schlimmsten Fall würde sie bloß zurück auf Los
springen: Dann eben doch wieder »nur« Mama sein und statt
im eigenen Unternehmen halt ehrenamtlich arbeiten. Das klang
als Worst-Case-Szenario gar nicht schlecht.

Heute gehören nicht nur Führungskräfte aus der Hospizbranche
zu ihren Kunden, sondern auch solche in Großkonzernen. Astrid hat ihre Welt kennengelernt, kann sich in ihre Probleme ein-
fühlen. Ihre Seminare haben Titel wie »Sprache der Führung«
oder »Blindes Vertrauen« und fördern neben dem bewussten Einsatz von Sprache auch die Zusammenarbeit in Teams.
Immer noch lehrt und lernt sie. Der Reifeprozess ist nicht abgeschlossen, wird es vielleicht auch nie sein. Die Vorstellung,
mit Mitte dreißig bereits auf dem Höhepunkt der Möglichkeiten zu stehen, ist für sie eher bedrückend als beruhigend. Frust
gehört im Alltag als Unternehmerin genauso dazu wie Fehler.
Insbesondere die Kaltakquise, also das Anrufen völlig fremder
Menschen, ist eine große Hürde für sie. Es ist leicht, sich hierbei
Druck zu machen und Ablehnung persönlich zu nehmen. Doch
Astrid besinnt sich auf ihr Credo: Ich muss nicht, ich darf!

Das Unternehmen, das sie als Ergänzung zu ihrer Aufgabe als Mutter gegründet hat, ist immer noch genau das: eine Ergänzung. Ihre Familie ist von den Einkünften nicht abhängig. Es darf ihr Spaß machen, ohne Krampf. Das Wissen, dass es »nur« eine schöne und wichtige Ergänzung ist, gibt ihr die Freiheit, gut zu sein – potenzielle Kunden entspannt anzurufen und unternehmerische Entscheidungen dann zu fällen, wenn sie reif sind – und nicht, weil sie von außen oder oben gerade gewollt sind.

Astrids Tipp

Kaltakquise ist vor allem eine Übungssache. Probiere dabei so viel wie möglich aus, um herauszufinden, womit du dich selbst am wohlsten fühlst und was gut ankommt. Mein Problem war lange: Wann ist der beste Zeitpunkt, um zu sagen, dass ich blind bin? Ich habe dabei wirklich alles ausprobiert und auf diese Weise die beste Lösung gefunden. Die Kunden, die du wirklich haben willst, sollten die letzten sein, die du anrufst. Probiere dich aus, mache Fehler, lerne – und sobald du dich sicher fühlst, kannst du richtig loslegen!

Blau ist nicht nur blau. Blau ist ein Wintertag mit blauem Himmel. Kühl, aber ganz klar. Grün ist nicht nur grün. Es hat etwas Ausgleichendes, Beruhigendes, wie der Geruch von frisch geschnittenem Gras. »Wie der Blinde, der über Farben spricht« ist ein Synonym dafür, dass jemand keine Ahnung hat, wovon er spricht. Astrid ist von Geburt an blind, sie hat noch nie eine Farbe gesehen. Und dennoch hat sie eine ganz konkrete Vorstellung davon, was Farben bedeuten. Sie kann nicht sehen, das stimmt, aber sie nimmt wahr – auf eine ganz andere Weise als Normalsehende es können. »Blindheit ist kein Osterspaziergang«, sagt sie. »Es macht vieles unglaublich schwer und mühselig, aber manchmal bin ich dankbar für dieses Schicksal. Ich glaube, ich würde die Welt mit anderen Augen sehen, wenn es anders wäre.«

Astrid musste erst richtig scheitern und sich dann die Zeit nehmen, den Blick von den vermeintlichen Zielen abzuwenden und das, woran sie sich über Jahre gewöhnt hatte, zu hinterfragen – sich noch einmal, viele Jahre nachdem sie als Teenager in der Pubertät war, zu fragen: Was ist normal? Bin ich normal? Will ich eigentlich normal sein? Ist es okay, dass ich anders bin und nicht gewöhnlich? Es waren die richtigen Fragen, damit sie endlich verstehen konnte, dass dies am Ende möglicherweise der einzige Sinn des Lebens ist: Der Mensch zu sein, der du wirklich bist, und anderen etwas Gutes von dir abzugeben – von dem, was dich auszeichnet und besonders macht, aller normaler, menschlicher Unvollkommenheit zum Trotz.

»Reden, sehen, entscheiden«, ist der Slogan von Astrids Unternehmen. Vielleicht ist es auch für dich Zeit, eine neue, ganz andere Perspektive zu bekommen? Oder du bist einfach neugierig, wie sich Gelb und Rot anfühlen? Astrid ist für dich unter astrid.weidner@trimentor.de erreichbar.

Samstag, 16. November: Bruchsal

Das Büro von Astrid ist lichtdurchflutet, mit weißen Möbeln und großformatigen Bildern an den hellen Wänden. Wüsste man nicht, dass sie als Coach für Hospize und Konzerne arbeitet, würde man sich eher in einem Designstudio oder einer Werbeagentur wähnen, so stylish wirkt alles. Auch, dass Astrid wirklich blind ist, ist kaum zu glauben, wenn man sie zum ersten Mal sieht.

Wir sitzen am Besprechungstisch, vor uns Kekse, Kaffee und Butterhörnchen. Das Stativ ist aufgebaut, die Kamera ist bereit, als Astrid den Raum betritt. Sie kennt sich in dieser Umgebung sehr gut aus, und es ist keine Unsicherheit in ihren Bewegungen zu spüren – zielstrebig steuert sie ihren Platz an. Als sie am Tisch ankommt, legt sie ihre Hand auf die Tischkante und ertastet so die genauen Koordinaten ihres Ziels. Sie erzählt uns, dass sie eine genaue Vorstellung vom Raum und den Objekten darin hat. Ihr Maßstab ist dabei ihr eigener Körper: Vielleicht ist der Tisch vierundsiebzig Zentimeter hoch, Astrid weiß es nicht genau, aber die Stelle, die er an ihrem Oberschenkel berührt, wenn sie an ihrem Platz ankommt, kennt sie genau – und damit hat sie eine sehr präzise Vorstellung von Höhe.

Astrid hat eine weiche, sehr angenehme Stimme. Sie ist eloquent und ihre Ausführungen sind bildhaft. »Stell dir vor, dein Sehsinn ist wie eine dreispurige Autobahn. Du hast zwar noch andere Sinne, die sind bei Sehenden jedoch eher wie Schotterwege. Bei mir ist das anders: Mein Sehsinn ist nicht mal ein Trampelpfad, dafür sind meine gesamten anderen Sinne zu breiten Straßen ausgebaut.« Wie recht sie hat und wie abhängig unsere Wahrnehmung von unserer Autobahn, dem Sehsinn, ist, wird uns im Verlauf des Gesprächs bewusst. Astrids Augen sind die ganze Zeit geöffnet und völlig klar, durch ihre Blindheit fokussieren sie jedoch keinen bestimmten Punkt. Im Gespräch fehlt uns damit ein Teil der nonverbalen Kommunikation, der für uns vollkommen normal ist: der Blickkontakt. Es ist ungewohnt und nach einigen Stunden sogar anstrengend. Unser Hörsinn wird überlastet, ein Teil des Autobahnverkehrs muss über die Schotterpiste, und es fällt uns erstaunlich schwer, die Konzentration darauf zu behalten. Es ist so ähnlich wie beim Dinner im Dunkeln: Am besten funktioniert die Wahrnehmung mit den übrigen Sinnen tatsächlich, wenn die Autobahn rigoros gesperrt wird – und so führen wir unser erstes Interview mit zeitweise geschlossenen Augen.

Nach dem Gespräch zeigt Astrid uns noch ihren Arbeitsplatz. Anstelle eines Monitors kann sie sich Texte in Blindenschrift ausgeben lassen, am liebsten lässt sie sich jedoch Texte und E-Mails von der Sprachausgabe vorlesen. Wer nun an das letzte Hörbuch denkt, das er im Auto oder während der Hausarbeit gehört hat, irrt bei diesem Vergleich. Astrid lässt sich nicht in normaler Geschwindigkeit vorlesen – es klingt vielmehr, als würde eine Kassette mit zehnfacher Geschwindigkeit vorgespult. Es geht so schnell, dass wir nichts von den E-Mails verstehen: kein einzelnes Wort, nicht mal eine Silbe. Es nützt auch nichts, die Augen zu schließen und sich voll darauf zu konzentrieren: Unser Hörsinn bleibt ein Schotterweg – und wir bräuchten dafür eine Rennstrecke. Es ist der Abschluss eines Gesprächs über Stärken und Schwächen und darüber, was wir eigentlich normal finden – und er hätte nicht eindrucksvoller sein können.

10

ALS ANJA KOSCHEMANN UND IHR
FREUND KEIN PASSENDES SEX-
SPIELZEUG FINDEN, BESCHLIEßT
SIE, EIGENES HERZUSTELLEN. AUS
DER LUST HERAUS ENTWICKELT
SICH EINE GESCHÄFTSIDEE. SIE
WILL SICH MIT SILIKONBANANEN
SELBSTSTÄNDIG MACHEN. DOCH
WIE WIRD IHR CHEF REAGIEREN?

MACH ES SELBST – SONST MACHT ES KEINER!

Reden wir über Sex – und übers Selbermachen. So oder so ähnlich muss sie das Gespräch mit ihrem Chef begonnen haben. Anja Koschemann will kündigen, weil sie ihr eigenes Ding machen will. Aber es gibt noch eine ganze Latte weiterer Gründe für diesen Schritt.

S-T-O-P! Bitte entschuldige diese Passage und jede weitere ungewollt komische oder schlüpfrige Formulierung in dieser Geschichte. Auf den nächsten Seiten geht es um Sexspielzeug, eines der letzten Geheimnisse unserer so offenherzigen Zeit. Solltest du noch unter sechzehn Jahre alt sein und diese Zeilen lesen, frage bitte deine Eltern, ob du weiterlesen darfst. Falls sie es dir verbieten, sage ihnen, dass es gut für dich sein wird und dass du danach nicht nur sehr viel Neues über Silikonbananen weißt, sondern auch über Gurken, Zucchini und Auberginen. Aber mal im Ernst: Du wirst nach Anjas Geschichte vor allem wissen, dass es – egal, welch verrückten Traum du mit dir herumschleppst – kaum peinlicher werden kann, deinem Umfeld von deiner Idee zu erzählen. Diese Geschichte wird dir Mut machen, ganz sicher.

Über manche Dinge reden wir Menschen nicht gerne: über Blähungen zum Beispiel, über den eigenen Kontostand – besonders nicht, wenn er rot ist – oder über Selbstbefriedigung. Über Blähungen sprechen manche zum Leidwesen ihrer Umgebung noch nicht einmal mit ihrem Arzt. Aber warum sprechen wir über all diese recht intimen Dinge nicht? Weil wir fürchten, an Ansehen zu verlieren, ausgelacht oder gar ausgegrenzt zu werden? All das sind Ängste, die Anja kennt und die ihren Puls beschleunigen lassen, als sie kurz vor Feierabend an die Glastür ihres Chefs klopft. Sie muss ihrem Chef sagen, dass sie demnächst kündigen und sich mit Sexspielzeug selbstständig machen will. Vermutlich wird er sie noch fragen, wie sie um Himmels Willen auf diese eigenwillige Idee gekommen sei – und sie nimmt sich vor, es ihm zu erzählen.

Eines Tages wagt Anjas Freund den Vorstoß. Die beiden sind da mittlerweile zehn Jahre zusammen und damit an einem typischen Zeitpunkt angelangt, an dem sich Paare über ihr Liebesleben Gedanken machen und mutiger für Neues werden. Anja hat anfangs Berührungsängste, Dildos und Vibratoren sind ihr suspekt. Doch sie lässt sich auf den Gedanken ein, recherchiert im Internet und in den zahllosen Onlineshops, und taucht in eine Welt ab, die sie diskret von der heimischen Couch erforschen kann. Die Berührungsängste verwandeln sich rasch in wachsende Neugier, und doch endet ihre Erkundungstour in Lachanfällen, Bestürzung und Ekel. Ungläubig registriert sie die Form, die Farbe und vor allem die chemischen Inhaltsstoffe der angebotenen Spielzeuge. Insbesondere die Inhaltsstoffe, teils verbotene Substanzen, die der Laie vielleicht erst beim Auspacken als stechenden Geruch wahrnehmen würde, springen Anja direkt ins Auge. Sie ist gelernte Chemielaborantin, sensibilisiert für derartige Stoffe. Nach mehreren erfolglosen Erkundungstouren durch die erotische Welt des Internets resigniert ihr Freund: »So anspruchsvoll, wie du bist, finden wir nie etwas. Mach dir dein Spielzeug doch am besten selbst.« Das Thema ist für ihn damit erst einmal beendet, doch für sie hat es mit diesem Satz gerade erst angefangen. Gut, dann würde sie es sich eben selbst machen – das Spielzeug, das sie will. Dieses Spielzeug sollte nicht wie ein Penis aussehen, eher wie Obst und Gemüse. Anja startet deshalb ein wochenlanges Heimexperiment, investiert jede freie Minute, verschwindet stundenlang alleine in der Küche und kommt glücklich wieder heraus. Es ist ein Heimexperiment, von dem der gesamte Freundeskreis weiß, mehr noch:

Er fiebert dem Ausgang regelrecht entgegen. Es ist im März 2006, ein Sonntag in Dresden, als es endlich gelingt: ihr erster handgemachter Dildo ist fertig. Doch das, was sie ihrem Freund freudestrahlend entgegenstreckt, sieht vollkommen unspektakulär aus: eine Art gelbe, gebogene Wurst. Anja aber begutachtet die Kreation anders, lässt sie immer wieder stolz durch ihre geschlossene Handfläche gleiten und registriert: keine Blasen, keine Risse, eine vollkommen glatte Oberfläche. Genau so muss sie aussehen, eine aus Silikon gegossene Banane, im Maßstab eins zu eins.

Als sie ihren Freundinnen das Ergebnis zeigt, sind diese hellauf begeistert. Die ersten zwanzig Bananendildos sind in kürzester Zeit vergriffen. Das macht Anja Mut, noch weitere zu produzieren – natürlich neben ihrer Arbeit. Da ist der Gedanke noch nicht gereift, ein eigenes Unternehmen namens Selfdelve zu gründen und die Produktreihe auf Mais, Karotten und Gurken auszuweiten. Und schon gar nicht kann sie sich vorstellen, vor ihrem Chef zu sitzen und mit ihm über Selbstbefriedigung zu sprechen. Schließlich hat dieser Chef fast ihren gesamten beruflichen Lebensweg verfolgt, er hat sie gefordert und befördert. Eine der wichtigsten Lehren aber zieht sie vor ihrer gemeinsamen Zeit.

Anja beginnt nach dem Realschulabschluss, der letzte Jahrgang der DDR 1990, mit sechzehn eine Ausbildung zur Lebensmittellaborantin – in einem soliden heimatverbundenen Betrieb, in dem es keine Ausnahme ist, dass Mitarbeiter ihr ganzes Arbeitsleben von der Ausbildung bis zur Rente bleiben. Es klingt zwar romantisch, aber diese Aussicht ist für Anja beruhigend, als sie ihre Lehrstelle annimmt. Nach zwei Jahren der plötzliche Schock: Das Unternehmen geht pleite – und das wenige Tage, nachdem Anja die Halbzeit ihrer Ausbildung feiern konnte. Nun steht sie da, ohne fertige Ausbildung und ohne Plan, wie es weitergehen soll. Anja wird diese Erfahrung prägen: dass nichts sicher ist, was man für sicher hält, und wie es ist, keine Kontrolle zu haben über das, was geschieht.

Zum Glück geht es für Anja weiter. Ein anderes Unternehmen der Region erklärt sich bereit, alle Lehrlinge der insolventen Firma zu übernehmen und zu Chemielaboranten umzuschulen. Obwohl beide Berufe ähnlich klingen und auf »-laborant« enden, haben die Ausbildungen wenig miteinander zu tun. Anja kann zwar weitermachen, aber durch die Umschulung fängt sie fast bei null an. Rosige Aussichten sind etwas anderes, zumal die Lehrlinge später nicht übernommen werden sollen. Doch Anja beißt sich durch und schafft es, sogar innerhalb der üblichen Ausbildungszeit fertig zu werden. Ihr Ehrgeiz zahlt sich aus: Die zwanzigjährige frischgebackene Chemielaborantin findet einen Arbeitgeber – ein Ingenieurbüro, das sich auf die Analyse von natürlicher Radioaktivität spezialisiert hat. Dessen Inhaber ist der Mann, dem sie zehn Jahre später eröffnet, zu kündigen, um sich mit Sexspielzeug selbstständig zu machen.

Anja arbeitet im Labor und fühlt sich erneut sehr wohl mit ihrer Arbeit. Sie ist angekommen, doch ihr Bedürfnis, noch eine Schippe draufzulegen, wächst täglich. Sie hat das Bedürfnis, endlich das Abitur nachzuholen. Sie will nicht noch einmal mit etwas Halbfertigem dastehen und hoffen müssen, dass jemand anderes sie rettet, wie es bei der Insolvenz ihres Ausbildungsbetriebes der Fall war. Das will sie in Zukunft selbst in der Hand haben, soviel ist sicher, und das Fachabi scheint ihr genau der richtige Schritt dafür zu sein. Dieser Gedanke lässt sie nicht mehr los, und so folgt ein intensives Jahr. Neben ihrer Arbeit investiert sie jede freie Minute und fast jedes Wochenende in ihr Ziel, mit Erfolg: Am Ende hat die Einundzwanzigjährige das Fachabi in der Tasche. Kaum zu glauben, dass Anja es in dieser Zeit auch noch gelingt, einen Mann kennenzulernen – ausgerechnet den Mann, der nicht nur für lange Zeit ihr Partner werden sollte, sondern der mit der Idee, ein Sexspielzeug zu kaufen, Anjas Leben in völlig neue Bahnen lenken würde. Anja hat ihr eigenes Potenzial ein Stückchen weiter ausgelotet, diese eine Schippe oben draufgelegt: Die Chemikerin hat ihr Experiment erfolgreich beendet. Und sie hat erstmals gemerkt, dass es sich lohnt, sich nebenher reinzuhängen, um ihr eigenes Ding zu machen.

Als Anja dann vor ihrem Chef sitzt, die Scham langsam ablegt und die ganze Idee erklärt, will dieser mehr wissen. Zum Beispiel, wie es ihr überhaupt gelungen ist, so etwas in den eigenen vier Wänden herzustellen. Und wie sie es neben dem Job hinbekommen hat – schließlich habe sie bis heute vorzügliche Arbeit abgeliefert. Also erzählt sie von ihrem Heimexperiment: Als Anja nach der Erkundungstour durch die virtuellen Sexshops beginnt, sich mit dem Thema näher auseinanderzusetzen, wird ihr ziemlich schnell klar, dass Silikon das einzig sinnvolle Material für einen Dildo ist. Silikon ist zwar teuer, aber es hat für die Anwendung ideale Eigenschaften – und es gibt ihn auch in kleinen Mengen im Künstlerbedarf. Die erste Gussvorlage ist frühzeitig auserkoren: eine Banane – perfekte Form, ideale Größe. Nur das holzige Ende und die gespritzte Schale der echten Frucht müssen eben aus ungiftigem Silikon bestehen. Ihre ersten Gussformen zimmert Anja sich selbst aus Holz zusammen. Dafür braucht sie ebenfalls nicht mehr als ein wenig handwerkliches Geschick. Vorlage, Material, Gussform: Mehr ist es nicht – eigentlich, denn in den nächsten Wochen muss Anja noch viel lernen.

Bis zum ersten Prototypen entdeckt Anja viele Möglichkeiten, wie man einen Dildo aus Silikon nicht macht. Sie lernt, dass es schwierig ist, den Gießling ohne Risse aus seiner Form zu lösen, oder dass Silikon beim Aushärten Gas bildet, was wiederum dazu führt, dass es Blasen wirft und sie es deshalb unter Unterdruck oder im Vakuum gießen muss. Ihre Gussformen werden immer ausgefeilter. Ausprobieren, scheitern – und nochmals versuchen. In diesen Wochen füllt sich die gemeinsame Wohnung immer mehr mit missglückten Silikonbananen, Büchern, Kartons und Gussformen. Das Experiment Bananendildo hinterlässt seine Spuren überall. Auch die Waschmaschine steht immer häufiger mitten in der Küche, weit von der Wand weggerückt. Anja hat gelesen, dass es mithilfe einer speziellen Wasserpumpe möglich ist, den nötigen Unterdruck beim Gießen zu erzeugen, doch diese hat den gleichen Anschluss wie die Waschmaschine. Die Prioritäten sind für Anja klar gesetzt: Die Waschmaschine verliert ihren Stammplatz und steht fortan mitten in der Küche. Die Folge ist ein täglicher Hürdenlauf. Es ist ein Experiment, bei dem es zwar in erster Linie um Silikonobst geht, aber auch um die Fragen: »Bekomme ich das hin? Schaffe ich es, noch eine Schippe oben draufzulegen?« Oder scheitere ich ein zweites Mal – wie damals im Studium. Die Gleichung Chemielaborantin plus Abitur plus Festanstellung in einem auf Umwelt spezialisierten Ingenieurbüro ergab für Anja mit einundzwanzig den nächsten logischen Schritt: Ein berufsbegleitendes Studium sollte es sein, Chemieingenieurwesen mit Umwelttechnik. Doch das war nur als Vollzeitstudium möglich. Machte nichts, schließlich hatte sie es sich schon einmal bewiesen, dass sie das kann: arbeiten und lernen gleichzeitig. Doch es wurde schwierig, die erste unlösbare Aufgabe für Anja – das erste Mal, dass es nicht klappte mit der nächsten Schippe oben drauf. Diese Schippe war zu schwer und zu groß, um sie nebenher zu schwingen.

Anja hatte zu dieser Zeit wenig Geld und konnte es sich nicht leisten, alle für das Studium erforderlichen Bücher zu kaufen. Eigentlich kein Problem, denn dafür gibt es ja eine Hochschulbibliothek. Doch deren Öffnungszeiten waren zwar für normale Studenten in Ordnung, nicht aber für eine Berufstätige, die erst nach Feierabend Zeit hat, Bücher auszuleihen. Ganz ähnlich war es mit den Laborzeiten, die ohnehin knapp waren und ebenfalls oft ungünstig lagen. Am Ende scheiterte Anja an Mathe: Drei

Fehlversuche bedeuteten nach fünf Semestern die Zwangsexmatrikulation. Für Anja war es einfach zu viel. Ein Vollzeitstudium nebenher zu absolvieren, war schlichtweg nicht möglich.

Es war nicht das falsche Ziel, es war die falsche Herangehensweise. Denn das Ziel, besser zu werden, sich aufgrund seiner Fähigkeiten und Interessen neue, höhere Ziele zu stecken, das kann nicht falsch sein – selbst wenn man letztlich scheitert. Ja, Anja ist gescheitert: Sie hat keinen Abschluss vorzuweisen, sie hat keine Urkunde zu Hause hängen, und die erworbenen Scheine sind allesamt wertlos. Sie musste ihrer Familie und ihren Freunden erklären, dass sie exmatrikuliert wurde, zwangsexmatrikuliert. Dies sind Gespräche, die niemand gerne führt.

Doch Anja merkte zum ersten Mal, dass es gar nicht so schwierig ist wie gedacht – dass ein scheinbar peinliches und unangenehmes Thema doch gar nicht so peinlich für andere ist, wie man es selbst glaubt. Niemand lachte, als sie erzählte, dass sie ihr Studium nicht geschafft hat. Niemand wusste es hinterher besser: »Hab ich dir doch gleich gesagt!« Niemand behauptete, dass sie es gar nicht erst hätte probieren sollen. Stattdessen: »Klasse, dass du immerhin so lange durchgehalten hast!« Oder: »Macht doch nichts, du hast doch deine Ausbildung und deinen Job. Du hast doch nichts verloren! Du hättest es dir ewig vorgeworfen, wenn du es nicht probiert hättest.« Erst sagte das die beste Freundin, dann der Freundeskreis, schließlich auch die Eltern.

Anjas Tipp

Bau dir Selbstvertrauen auf für das, was du mit der Welt teilen möchtest – oder musst. Mit jedem Gespräch wird es einfacher. Es ist gar nicht so schlimm, wie du denkst, und es wird jedes Mal noch einfacher. Erst die beste Freundin, dann der Freundeskreis, dann die Eltern: genau die richtige Reihenfolge, um ein vermeintlich schwieriges Gespräch zu üben – egal, ob es dabei um die eigene Zwangsexmatrikulation oder um Sexspielzeug geht.

Es sind Gespräche, die sich ein Außenstehender als das Maximum der Peinlichkeit ausmalt – mit den Eltern am Küchentisch zu sitzen, einen Dildo zwischen sich liegen zu haben und zu erzählen, was man die letzten Wochen neben der Arbeit so getrieben hat. Es ist peinlich, mit Arbeitskollegen darüber zu sprechen – um Himmels Willen. Aber es geht, und für Anja wird das Thema, das ihr selbst noch Wochen zuvor unheimlich schien, immer normaler. Die Reaktionen sind stets gleich: eine Mischung aus anfänglicher Überraschung und Unglauben, die schnell in Neugier und Offenheit umschwenken. Vielleicht liegt es daran, dass Sex an sich in unserer Gesellschaft mittlerweile kein Tabu mehr ist, sodass dieses Thema überraschend positiv ankommt. Vielleicht braucht es wirklich nur jemanden wie Anja, die es anspricht, um eine natürliche Resonanz zu erzeugen.

Trotz dieser Reaktionen grübelt Anja weiter, wägt Risiken und Möglichkeiten gegeneinander ab. Sie hat einiges zu verlieren, wenn sie sich selbstständig machen würde. Nach dem gescheiterten Studium mit Mitte zwanzig hat sie sich im Ingenieurbüro hochgearbeitet, dabei immer mehr Einblicke gewonnen, immer weiter über den Tellerrand hinausgeblickt, immer verantwortungsvollere Aufgaben übertragen bekommen und immer weniger Zeit im Labor verbracht. Sie hat in den Jahren Erfahrungen im Personalbereich, in der Organisation und der Buchhaltung sammeln können, sodass ihr Chef sie mit Ende zwanzig zur Assistenz der Geschäftsführung befördert hat. Ja, es gibt viel zu verlieren, aber gleichzeitig hat Anja in den letzten Jahren auch viel gelernt.

Sie ist an einem Punkt, an dem sie es sich zutraut, ihr eigenes Geschäft zu führen, ihr eigenes Ding zu machen. Aber würden ihre Fähigkeiten wirklich ausreichen, oder würde sie scheitern? Es reizt sie, das herauszufinden. Hinzu kommt, dass sich nach all den Jahren nicht nur das Liebesleben von Anja und ihrem Freund eingependelt hat. Sie stecken beide voll im Berufsleben und finden oft nur wenig Zeit füreinander. Es war eigentlich nicht das, was die beiden sich für ihr Leben wünschten. Könnte man also nicht beruflich etwas zusammen machen? Könnten es die Dildos sein? Sie erwägen und verwerfen viele Gedanken, spielen mit Zahlen und schreiben einen Businessplan. Am Ende entscheiden sie sich, es zusammen zu versuchen.

All das macht Anja Mut. Mut, einen Schritt weiterzudenken. Mut, noch mal eine Schippe oben draufzulegen. Mut, aus dem kleinen, privaten Experiment mehr zu machen. Anja ist an diesem Freitag kurz vor Feierabend vorbereitet, als sie das Büro ihres Chefs betritt. Er hört ihr aufmerksam zu und lässt sie reden. Sie sagt, sie würde das Geschäft gerne weiterhin neben der Arbeit aufbauen, aber letztlich würde sie irgendwann kündigen »müssen«, um es in Vollzeit zusammen mit ihrem Freund zu führen. Und siehe da: Ihr Chef hat Verständnis. Er hat Vertrauen in sie, und er sagt, dass es zwar eine verrückte Idee sei, aber dass es – vielleicht auch gerade deshalb – klappen könne.

Er kennt sie zu diesem Zeitpunkt seit fast zehn Jahren. Er hat miterlebt, wie sie das Abi nebenbei gemacht und das Studium begonnen hat, wie sie sich in ihrer Freizeit voll reingekniet hat, ohne ihre Arbeit je zu vernachlässigen. Er hat auch erlebt, wie Anja sich dadurch weiterentwickelt hat. Er bedankt sich für ihre Offenheit und stimmt der Bitte einer seiner wichtigsten Mitarbeiterinnen zu: Anja darf ihr Projekt weiter nebenher ausbauen.

Darüber, ob sie nach ihrer Kündigung zurückkommen dürfe, falls das Vorhaben scheitert, sprechen sie nicht. Es ist nur das Gefühl, dass es so sein könnte, das sich bei Anja einstellt. Mehr braucht sie nicht, damit es endgültig losgehen kann.

In den nächsten Monaten verbringt Anja ihre Freizeit damit, eine erste Produktreihe aufzubauen. Sie soll aus fünf verschiedenen Sorten Obst und Gemüse bestehen. Nachdem die erste Banane serienreif ist, sind die Hürden für die anderen Modelle schnell übersprungen. Mittlerweile kauft Anja das Silikon nicht mehr im Künstlerbedarf, sondern im Großhandel. Sie investiert einen mittleren vierstelligen Betrag in Material und Geräte, um die ersten hundert Stück von jedem Typ zu produzieren.

Doch eine große Hürde steht ihr noch bevor: Werden tatsächlich Leute Geld für ihre Dildos bezahlen? Wegen der vielen positiven Reaktionen kann sie das zwar vermuten, aber sicher kann sie sich nicht sein. Es bedarf also eines Experiments, das weiß die Chemielaborantin nur zu gut. Vielleicht geht Anja hierbei das größte Risiko ein, denn bevor sie dieses Experiment beginnt, kündigt sie tatsächlich. Dieser Schritt war dafür nicht unbedingt nötig, ein paar Tage Urlaub hätten bereits genügt. Aber Anja hört auf ihr Gefühl: Sie will ihr Ding in Vollzeit machen, nicht weiter nebenher. Vielleicht liegt es an der Erfahrung, die sie machen musste, als sie das Vollzeitstudium nebenher versucht hat. Vielleicht kommt ihr der Gedanke auch gar nicht recht in den Sinn, denn für sie und ihren Freund ist die Entscheidung längst gefallen: Sie wollen sich zusammen selbstständig machen, um mehr Zeit miteinander zu verbringen. Sie weiß es heute selbst nicht mehr so genau.

Anja recherchiert im Internet nach edlen Erotikboutiquen und erstellt eine Liste mit Adressen und Telefonnummern. Dann telefoniert sie diese ab, erzählt am Telefon, was sie macht und was das Besondere an ihren Produkten ist. Anja hat mittlerweile so viel über dieses Thema gesprochen, dass sie nicht mehr aufgeregt ist. Sie kommt am Telefon ganz natürlich und locker herüber – ideal, um jemanden von einem Produkt zu überzeugen. Natürlich bestellen nicht alle, mit denen Anja spricht, manche sind skeptisch, weil sie neu im Geschäft ist. Andere aber kaufen: Sie sind neugierig geworden und wollen schauen, wie die Obstund Gemüsekollektion bei ihren Kunden ankommt.

Die ersten Wochen und Monate sind nicht nur rosig. Anja telefoniert viel und arbeitet noch mehr. Sie produziert alle Dildos alleine, in Handarbeit. Anja hat zwar einen kleinen Lagerbestand von jedem Dildo, aber sobald eine größere Bestellung reinkommt, muss sie schnell produzieren. Es sind anstrengende Zeiten, und unsichere noch dazu. Aber Anja bereut den Schritt nicht. Sie hat das Gefühl, unabhängig zu sein, auch wenn sie natürlich nicht alles selbst in der Hand hat. Aber sie kann vieles anschieben und versuchen. Sie spürt, gerade das Richtige zu tun, sehr viel zu lernen und sich weiterzuentwickeln. Anja und ihr Freund genießen es, gemeinsam etwas aufzubauen.

Sexspielzeug ist nichts für die Medien. Es sei denn, es sieht aus wie Obst und Gemüse. Es dauert nicht lange, bis die ersten Zeitungen und Fernsehsender auf Anjas ungewöhnliches Sexspielzeug aufmerksam werden und darüber berichten wollen. Wieder ist es passiert: Ihr Produkt weckt Neugierde, keine Berührungsängste. Anja hat es geschafft, Sexspielzeug aus der Schmuddelecke zu holen und zu etwas Normalem zu machen, über das man ohne Scham sprechen kann. Anja war mit ihren Dildos mittlerweile unzählige Male in den Medien. Sie ist mit ihrem Unternehmen in größere Räume umgezogen, hat investiert und ihre Firma weiter ausgebaut. Mittlerweile läuft fast der gesamte Verkauf über ihre eigene Internetseite.

Anja ist heute nicht mehr mit ihrem Freund zusammen, nach mehr als fünfzehn Jahren hat sich das Paar getrennt. Nichts ist sicher, auch wenn du es noch so sehr glaubst. Diese Erkenntnis, die Anja früh in ihrem Leben machen musste, bestätigte sich leider wieder. Aber Anja schaut nicht mit Wehmut zurück, sie ist dankbar für die gemeinsame Zeit und für alles, was die beiden sich zusammen aufgebaut haben. Es war der richtige Schritt zur richtigen Zeit, sich mit Anfang dreißig zusammen selbstständig zu machen. Es gab nicht viel zu verlieren für die beiden, sondern eigentlich nur zu gewinnen. Das Schlimmste, was ihnen hätte passieren können: ein paar tausend Euro zu versenken und in den früheren Job zurückzukehren.

Es war ein Zeitfenster, das den beiden damals noch offen stand – ohne Kinder, ohne Hauskredit, ohne die Verpflichtungen, die Paare oft haben und die auch Anja und ihr Freund vielleicht gerne gehabt hätten. Die beiden haben keine Kinder bekommen und kein Haus gekauft – und trotzdem haben sie sich viel zusammen aufgebaut. Sie haben ganz praktisch ausprobiert, ob noch etwas geht, ob ihre Idee trägt. Anja bereut keine der Erfahrungen, die sie in ihrem Leben gemacht hat. Sie musste es einfach herausfinden. Wie immer. Bist du bereit, deine Berührungsängste zu überwinden? Anja ist für dich persönlich unter anja_koschemann@selfdelve.com erreichbar.

Freitag, 29. November: Dresden

Wir erreichen Dresden an einem Freitag, kurz nach dreiund-zwanzig Uhr. Es regnet, doch wenigstens nicht mehr so stark wie während der sechsstündigen Fahrt von Bonn hierher. Jetzt nur noch ab ins Bett? Von wegen. Wir machen heute zum ers-ten Mal »Couchsurfing«, was nichts anderes bedeutet, als bei fremden Leuten auf der Couch zu übernachten – kostenlos. Couchsurfing ist eine weltweite Internetplattform, von der zwar die meisten unserer Freunde und Bekannten schon gehört, aber die sie – mangels Mut, Lust oder Gelegenheit – noch nicht aus-probiert haben. Als wir in dieser Nacht im Dunkeln die Klingel-schilder des Mehrfamilienhauses ableuchten, wissen wir zwar Jules vollen Namen, dass sie einen Mann und einen kleinen Sohn hat, mehr aber auch nicht. Wir haben keine Ahnung, wo und wie wir übernachten werden und was unsere Gastgeber für Menschen sind. Wir wissen noch nicht einmal, ob sie uns um diese Uhrzeit überhaupt noch hereinlassen werden.

Wir haben Glück: Sie öffnen, und so kalt und grau uns Dresden empfangen hat, so warmherzig ist der Empfang unserer Gastge-ber. Jules Familie hat für uns das Wohnzimmer geräumt und ei-ne große Schlafcouch aufgebaut. Dass wir so spät ankommen, ist gar kein Problem, denn Jule und ihr Mann Heiko, beide An-fang vierzig, hatten bis gerade selbst noch Freunde zu Besuch. Wir sitzen gemeinsam am Küchentisch, essen die übriggeblie-benen Tapas, hören Musik – als würden wir alte Freunde besu-chen. Jule erzählt, dass sie im kreativen Bereich arbeite und sich mit unserer Buchidee durchaus identifizieren könne: Sie führt zusammen mit einer Freundin ein eigenes Start-up neben ihrem normalem Job als zweites Standbein. Welch ein Zufall! Jule sieht das anders: Das sei doch gar nicht so außergewöhnlich. Viele ih-rer Bekannten hätten bereits neben der Arbeit eigene Projek-te gestartet oder kleine Unternehmen gegründet. Dresden ist offensichtlich eine Stadt der Nebenhermacher. Dem folgt eine weitere Überraschung: Jule zieht noch am selben Abend ihren Schlüsselbund aus der Tasche und macht den Haustürschlüssel ab: »Hier, damit ihr unabhängig von uns seid und kommen und gehen könnt, wann ihr wollt in den nächsten zwei Tagen.« Wir sind überrascht: Mit so viel Vertrauen gegenüber Fremden hätten wir trotz des herzlichen Empfangs nicht gerechnet.

Als wir Sonntagnachmittag Dresden wieder verlassen, nehmen wir einiges mit nach Hause: dass beispielsweise Couchsurfing zwar ein wenig Überwindung kostet, aber dafür viel zu bieten hat. Durch Jule und Heiko haben wir nicht nur zwei Nächte kostenlos in Dresden verbracht, sondern die Stadt auch ganz anders erlebt, als es normale Touristen jemals könnten. Wir hatten einen ganzen Zettel voll mit Insidertipps in der Tasche, angefangen beim etwas versteckt gelegenen Lieblingsrestaurant der beiden bis hin zur Ausstellung von Nachwuchsdesignern in der hippen Dresdener Neustadt. Ohne Couchsurfing hätten wir beides verpasst.

Es stecken wirklich ganz normale, offene und freundliche Menschen hinter vermeintlich schrägen Ideen – egal ob es darum geht, fremde Leute zu sich ins Wohnzimmer einzuladen und ihnen vertrauensvoll den Haustürschlüssel in die Hand zu drücken, oder darum, sich mit handgemachtem Sexspielzeug selbstständig zu machen. Das Interview mit Anja gehört zu den außergewöhnlichsten unserer bisherigen Reise. Dazu passt das Erinnerungsstück, das sie uns am Ende des Gesprächs anbietet: Sie schenkt uns beiden einen Maiskolben, den wir lachend annehmen. Gemüse ist schließlich gesund! »Enjoy the process« ist kein Hexenwerk, sondern bloß eine Frage der Einstellung: Sei offen für Neues und nicht immer nur vernünftig. Das haben wir mittlerweile verinnerlicht.

11

TORGE OELRICH IST SOZIALAR-
BEITER AN EINER GRUNDSCHU-
LE UND IM INTERNET EIN STAR.
SEINEN YOUTUBE-KANAL HABEN
MEHR ALS EINE MILLION MEN-
SCHEN ABONNIERT, SEINE VIDEOS
ZÄHLEN MEHR ALS 200 MILLIO-
NEN KLICKS.

DU BRAUCHST KEINEN DIETER BOHLEN!

Als sich die Anspannung kurz vor Mitternacht löst, springt Dieter Bohlen von seinem Jurorenstuhl auf und reckt den rechten Arm triumphal in die Luft. Einige Meter vor ihm, auf der großen Showbühne, vergräbt ein fassungsloser Mark Medlock sein Gesicht in den Handflächen, hüpft, jubelt. Hinter ihm entlädt sich ein silberfarbenes Feuerwerk, das Publikum rastet aus. Diesmal brechen die Emotionen wirklich aus, nicht auf Zuruf der Regie: echte Gefühle nach unzähligen Episoden inszenierter Unterhaltung. Unter das überschäumende Glück legt sich das Lied des Siegers, jene Ballade, die es zwei Tage später auf CD zu kaufen gibt. Der neue deutsche Superstar ist gefunden.

Es nützt nicht zu lamentieren – nicht über das Fernsehen, das schon lange nicht mehr ist als eine einzige Inszenierung, ein durchgeplanter und sich wiederholender Plot, auch nicht über diese normalen Menschen, die vielleicht Außergewöhnliches leisten und sich dafür freiwillig in eine merkwürdige Welt begeben, welche mit einem offensichtlich reizvollen Versprechen lockt: Du kannst ein Star werden! Ein Sänger, ein Model, ein Bauer mit Frau oder, wenn den Drehbuchautoren die Ideen ausgehen, auch nur ein Talent, pardon, ein Supertalent. Angeblich geht das ganz einfach. Es nützt auch nichts, sich über das immer kleiner werdende Fernsehpublikum zu beklagen, das sich im Glück und Unglück der Kandidaten suhlt, während es den Abend gedankenlos ausklingen lässt. Nein, es ist gar nicht nötig, sich über gescriptete Nachmittagsserien aufzuregen, in denen schwer erziehbare Kinder noch schwerer erziehbare spielen.

Das Fernsehen schafft sich nämlich ganz von allein ab – weil es überhaupt nicht bemerkt, dass eine Generation nachwächst, die Echtheit will: mit authentischen Charakteren und einer Welt in HD-Qualität, der sie glauben kann. Es ist eine Generation, für die das Fernsehen von heute längst gestorben ist. Willkommen in der Welt von Youtube, einer Videoplattform im Internet, die für manche der Älteren noch ein Paralleluniversum zum Fernsehen ist. Das wird sich vermutlich kaum ändern, denn das Fernsehpublikum ist ein treues. Doch die Jugend gewöhnt sich gerade an ein Medium, das sie selbst mitgestalten kann – und das, weitgehend unbemerkt vom Fernsehpublikum, die ersten großen Stars hervorbringt. Torge Oelrich gehört dazu: Er ist einer der erfolgreichsten Youtuber Deutschlands. Die Videos, die der Komiker mittlerweile wöchentlich produziert, wurden bereits mehr als zweihundert Millionen Mal angesehen. Es gibt hierzulande kaum noch einen Jugendlichen zwischen dreizehn und siebzehn Jahren, der noch nie etwas von »Sandra« gehört hat.

Es ist der 8. Mai 2007, Wesselburen in Schleswig-Holstein, Ostseeküste. Dreitausenddrei Menschen leben hier, am fast nördlichsten Zipfel des Landes. Modeschöpferin Jil Sander ist in diesem Dorf geboren, doch wer nach Glanz sucht, sollte lieber woanders suchen. Torge Oelrich sitzt an diesem Samstagabend nicht vor dem Fernseher – ein Neunzehnjähriger hat an diesem Wochentag und um diese Uhrzeit etwas Besseres zu tun. Am nächsten Morgen geht Torge ins Internet, auf die Videoplattform Youtube. Er will wissen, wer die DSDS-Staffel gewonnen hat, will sehen, wie sich Mark Medlock, dieser verrückte Kerl, gefreut hat. Sicher wird irgendwer auf Youtube einen Mitschnitt veröffentlicht haben, vermutet er. Doch alle Videos sind gesperrt, blockiert von RTL, weil diese das Urheberrecht verletzen. Torge ist sauer. Ohne lange nachzudenken, greift er zur Videokamera, flucht maßlos übertrieben hinein. Zwei Minuten geht das so. »Das könnt ihr nicht machen, RTL«, nörgelt er ulkig, zieht Grimassen und lädt das Video bei Youtube hoch. Es ist, abgesehen von einigen Partymitschnitten, das erste Video, das er überhaupt veröffentlicht.

Youtube ist eine Spielwiese des Ausprobierens. Es gibt keine Hürde und keinen Recall, keinen Dieter Bohlen und auch keine Heidi Klum. Niemand muss um Erlaubnis fragen, ob er gut genug ist. Wer mitmachen will, macht mit. Wer möchte, lädt kostenlos ein Video hoch, präsentiert darin sich und sein Talent – und wartet ab. Torge muss nicht lange warten. Denn was an diesem Sonntag geschieht, ist für den ausgebildeten Erzieher, der noch heute hauptberuflich als Sozialarbeiter an einer Grundschule arbeitet, der Startschuss zu einer verrückten Comedy-Karriere im Internet.

Wie Torge suchen an diesem Sonntag auch Tausende andere nach DSDS-Mitschnitten. Doch alle Videos sind gesperrt – außer seinem. Man kann es einen guten Riecher nennen, oder man kann einen Plan dahinter vermuten. Heute sagt Torge, es sei ein irrer Zufall gewesen, in den ihn seine Affinität zu Skurrilem geführt hat. Hunderte Menschen klicken das Video an, schmunzeln vor ihren Bildschirmen.

An diesem Tag gewinnt Torge ungeplant seine ersten Fans. Ihn wird diese Erfahrung motivieren, weitere Videos hochzuladen. Heute hat Torge seinen eigenen Youtube-Kanal, etwa eine Million Abonnenten und zweihundert Millionen Klicks. Zum Vergleich: Alle Filme von Michael »Bully« Herbig, einem der erfolgreichsten deutschen Komödianten der Gegenwart (»Der Schuh des Manitu«, »Traumschiff Surprise«), verzeichnen zusammen nur dreißig Millionen Zuschauer.

Torge schlüpft wie Bully Herbig in verschiedene Rollen. Sein Erfolgsrezept ist, mit einfachen Mitteln authentisch zu sein: Er dreht in seinem Zimmer, verwendet eine handelsübliche Kamera. Geld braucht er dafür nicht. Die Rolle, in der ihn seine

Fans am meisten lieben, ist Sandra: eine strohdoofe, pubertierende, aber liebenswerte Blondine, die zu allem Überfluss auch noch lispelt. Er bedient den Al-Bundy-Effekt. Unser Unterbewusstsein genießt den Moment, wenn sich andere lächerlich machen – das gute Gefühl, überlegen zu sein, gefällt uns. Sandra funktioniert genau so. Sie hat Torge bekannt gemacht. Allein die Folge »Sandra beim Direktor« registriert aktuell mehr als sieben Millionen Aufrufe. Torge spielt beide Charaktere, Sandra und den Direktor. Ein kleiner Auszug:

Direktor: »Deine letzte Mathearbeit, die Aufgabe lautete: Du hast vier Äpfel und fünf Kinder. Wie viele Äpfel bekommt jedes Kind? Deine Antwort: ›Boah, voll dumm ey, ich mach Apfelmus.‹ «

Sandra: »Und für die Antwort müssten Sie mich feiern.«

Direktor (jetzt wütend): »Für diese Antwort müsste ich dich von der Schule schmeißen.«

Sandra: »Nächstes Jahr bin ich eh weg von der Schule, da mach ich eine Ausbildung zur Käsereifachverkäuferin.«

Direktor: »Sandra, das ist eine Grundschule. Du bist sechsmal sitzengeblieben!«

Sandra grinst dämlich, pupst, holt den Staubsauger, um den Gestank einzusaugen, während der Direktor in einem Regal nach ihrer Arbeit sucht.

Direktor: »Ich weiß ja, dass bei der Arbeit fünfzig Prozent schlechter als Vier waren. Aber du warst wieder die Schlechteste.«

Sandra: »Fünfzig Prozent? So viele sind wir doch gar nicht in der Klasse.«

Direktor: »Deine Noten waren so schlecht. Wir müssen deinen IQ testen.«

Er reicht ihr den Anmeldebogen. Sandra füllt ihn aus und spricht mit: »Klasse: 13 b.«

Direktor: »3 b.«

Sandra: »B mit einem oder zwei E?«

Direktor (genervt): »Mit K.«

Sandra: „Mit K? Echt?"

Direktor (schreit): »Sandra!«

Für Torge Oelrich ist die Figur Segen und Fluch in einem. »Mir geht Sandra inzwischen total auf die Nerven«, scherzt er, und beendet den Satz versöhnlich: »Es ist die mit Abstand erfolgreichste Figur. Ich habe ihr sehr viel zu verdanken.« Es ist ein einfacher Humor, flache Witze, nichts Tiefgründiges. Anspruchslose Blödelei, würden Kritiker sagen – ein Konzept, das im Fernsehen keine Chance mehr bekäme, im Internet aber sehr wohl. Was Didi Hallervorden oder Otto Waalkes für die jungen Erwachsenen in den Achtzigerjahren waren, ist Torge Oelrich heute für die Dreizehn- bis Siebzehnjährigen. Der Humor hat sich verändert, das Medium ebenfalls. Die Videos sind anders als früher, im Stil eines Homevideos. Und doch sind sie erfolgreich – oder gerade deswegen?

Du brauchst nicht mehr als eine Kamera, um eine coole Idee umzusetzen. Du brauchst kein professionelles Licht oder eigene Stylisten, um ein Millionenpublikum zu erreichen. Du kannst loslegen, ohne wer-weiß-was an Qualifikationen vorweisen zu müssen. Niemand muss dir die Tür öffnen, du hast den Schlüssel. Tritt ein! Das Leben ist nicht die Generalprobe, es ist der Auftritt. Und wer etwas werden will, so glaubt es die Generation Fernsehen, tritt bei einer Castingshow auf, das ist der Trend der Zeit. Sänger, Models, Talente, Comedians, sie alle werden im Fernsehen ausgewählt: in vielen Sendungen, nach dem Re- und Re-Recall, nach der nächsten Rose, immer zur besten Sendezeit. Das ist normal geworden.

Torge aber will nicht normal sein, schon gar nicht um Erlaubnis fragen. Er will neben seiner Arbeit Spaß haben, herumblödeln und seine Videos anderen zugänglich machen. Er will unbedingt in seinem Dorf leben bleiben und weiter als Sozialarbeiter an jener Grundschule arbeiten, an der er als Kind selbst unterrichtet wurde. Er will nicht von Einschaltquoten oder der Gunst von Juroren abhängig sein, sondern selbstbestimmt arbeiten. Selbst das ist für einen Künstler im Jahr 2007 nicht selbstverständlich. Vielleicht ist es sein Glück, dass Torge zu diesem Zeitpunkt noch gar kein Künstler ist.

Machen wir eine Zeitreise, in die kunterbunte und früh entdeckte Fantasie von Torge. Er ist sein Leben lang der Pausenclown. Als Kind schleicht sich der Junge vom Dorf auf die Bühne eines Freizeitzentrums, klaut das Mikro und spricht komische Sätze hinein. Als er elf Jahre alt ist, reist die Familie nach Mallorca. Am Strand fordert Torge die Mutter auf, ihn zu filmen: Er wolle Reporter spielen. Heraus kommt eher eine Persiflage auf einen

Reporter. Hätte es damals schon Youtube gegeben, wer weiß: Vielleicht wäre schon dieses Filmchen ein Renner geworden? In der Realschule war er für die Sketche bei der Abschlussfeier zuständig; noch heute spielt er dort in der Musical AG. Und dann kommt der 8. Mai 2007.

Der Zufallstreffer ermutigt den Neunzehnjährigen, loszulegen und mehr aus seinem Hang zum Herumalbern zu machen. Sein zweites Video hat bereits fünftausend Zuschauer, sein drittes noch mehr. Den Jungen vom Dorf packt der Ehrgeiz: Fünf Stunden steckt Torge fortan jede Woche in sein Hobby, mit dem er in den ersten beiden Jahren keinen einzigen Cent verdient. Das aber interessiert ihn nicht. Die Zeit, die er investiert, kostet er aus. Er arbeitet auf kein konkretes Ziel hin – und genießt den Weg dahin.

Das klingt einfacher, als es ist. Denk doch nur mal daran, was dich derzeit bewegt: Sind es deine Ziele – die nächste Klausur, die nächste Beförderung, die Rente? Oder ist es der Weg dorthin? Was bringt es dir, ein Ziel zu erreichen, auf das du Monate oder gar Jahre hinarbeitest, wenn dich nur das Erreichte glücklich macht? Enjoy the process, genieße den Weg. Ganz nebenbei reduziert diese Haltung auch den eigenen Erwartungsdruck. Für Torge ist Youtube ein Ventil. Seinen Lebensunterhalt verdient er als Sozialarbeiter, er kann es deshalb ungezwungen angehen.

Zwei Stunden benötigt er für das Drehbuch, eine Stunde für den Dreh, zwei Stunden für den Schnitt. Fertig, hochladen – und Klicks zählen. Wer wie Torge plant, mehrere Videos hochzuladen, sollte einen eigenen Kanal haben. Als Torge diesen einrichten will, fällt ihm kein passender Name ein. Torge chattet mit seinem Kumpel. Er fragt: »Sag mal, fällt dir ein cooler Name für einen Youtube-Kanal ein?« Der Kumpel antwortet: »Was hältst du von ›Freshtorge‹?« Der Name war gefunden.

Wer ein kreatives Brainstorming hinter Torges Künstlernamen vermutet hat, dürfte jetzt enttäuscht sein.

So jungfräulich Torge zum Youtuber wurde, so ambitioniert wurde er darin zum Star. Anfangs, als er keine Ahnung von dem hat, was er da tut, sucht er sich Vorbilder. »Coldmirror« ist so eines: Unter diesem Pseudonym ist in der Szene die Video- und Netzkünstlerin Kathrin Fricke mit witzigen Synchronisierungen von Harry-Potter-Filmen berühmt geworden. Als Torge anfängt, hat »Coldmirror« bereits dreißigtausend Abonnenten, eine gewaltige Zahl. Utopisch, so etwas selbst zu erreichen – oder etwa nicht? Torge schaut sich fortan viele Comedians an, vor allem die aus den USA, achtet auf ihr Timing, auf den Plot der Witze, auf Mimik und Gesten – und ahmt sie nach. Das ist seine Schule, sein Selbststudium. Wo soll er auch sonst die Kunst des Witzes erlernen?

Youtube ist auch deshalb so erfolgreich, weil es keine Sendezeiten gibt: Alles ist rund um die Uhr zugänglich. Es ist erfolgreich, weil jeder Nutzer die Inhalte bewerten, kommentieren und Freunden empfehlen kann. Selbst wenn dieser nur konsumiert, kann er ein aktiver Teil des Systems sein. Torge erkennt das Potenzial des noch jungen Mediums, die Vorreiterrolle kommt ihm zugute. Seine Anhängerschaft wird rasend schnell größer – auch wegen eines Videos, in dem Sandra beim Schulpsychologen sitzt und das mehr als drei Millionen Mal angeklickt wird. Ein kurzer Ausschnitt des siebenminütigen Gesprächs:

Schulpsychologe: »An welche wichtigen Dinge aus der Zeit, als du vierzehn warst, erinnerst du dich?«

Sandra: »Ich habe meine erste Regel gekriegt mit vierzehn.«

Schulpsychologe (gelangweilt): »Das ist ja spannend ... «

Sandra: »Ja, und als ich damals das erste Mal ein Tampon benutzt habe, dachte ich, das gehört seitwärts rein. Damit das Blut besser ablaufen kann.«

Schulpsychologe (genervt): »Ich glaube, das bringt nichts. Wir sollten es mit Hypnose versuchen.«

Sandra: »Ja, ich denke auch, Sie sind damit überfordert. Holen Sie mal Herrn Hypnose rein, der kann mir bestimmt besser helfen.«

Schulpsychologe: Sandra, Hypnose ist eine Art Trancezustand. Aber lassen wir das, du würdest es eh nicht verstehen.«

Sandra: »Ne, würde ich auch nicht. Ich bin so dumm, ich vergesse sogar beim Kacken, ob man drücken oder hochziehen muss.

Schulpsychologe (seufzt): »Oh Gott ... «

Sandra: »... und wenn ich zu doll hochziehe, habe ich das Gefühl, die Kacke kommt mir schon den Hals hoch ...« (Kichert.)

Findest du nicht witzig? Torges Sketche sind mit Sicherheit speziell, das gefällt nicht jedem. Muss es auch nicht, denn Torge ist kein Mainstream. Er hat sich eine Nische gesucht und gefunden. Vielleicht findest du eine eigene Nische, in der du dich wohlfühlst, denn Nischen gibt es nicht nur viele, sie können im Internet auch verdammt groß werden.

Torge macht auf seinem Weg auch Fehler. Er interessiert sich anfangs nicht fürs Urheberrecht und stellt geschützte Inhalte ein. Er ignoriert die Verwarnungen von Youtube und muss mitansehen, wie dessen Administratoren seinen Kanal plötzlich löschen. Da hat Torge bereits zwanzigtausend Abonnenten – eine schmerzhafte Lektion. Leider bleibt es eine Lektion, aus der er nicht lernt. Als er seinen zweiten Kanal aufbaut, beachtet Torge zwar zunächst die Regeln, doch Woche für Woche reizt er die Grenzen immer mehr aus. Nach einer Weile verletzt er erneut mehrfach das Urheberrecht. Wieder wird sein Kanal gelöscht, wieder verliert er Tausende Fans. Das ist seine bitterste Stunde, doch ans Aufhören denkt er selbst in diesen Tagen nicht. Youtube ist schließlich sein Hobby.

Torge musste sich nie mit Bedenkenträgern auseinandersetzen, weil er schon erfolgreich ist, als die ersten um ihn herum von seiner Leidenschaft Wind bekommen. Die Anonymität von Youtube schützt anfangs – einer der größten Vorteile im Vergleich zum Fernsehen. Stell dir vor, du würdest glauben, besonders gut zu singen, und willst wissen, ob das auch andere so sehen. Die Karaokebar ist dir zu klein, die Eltern und Freunde zu voreingenommen, du willst mehr. Du bewirbst dich also mit deinen Künsten bei »DSDS«. Was dich vielleicht davon abhalten könnte, ist die Angst vor einer Blamage – und die Gefahr ist groß, vor einem Millionenpublikum vorgeführt und bloßgestellt zu werden: Bohlens Fans wollen nicht nur Talente sehen, sie wollen lachen über jene, die er mit zurechtgelegten Sprüchen beleidigt. Das Fernsehen befriedigt dieses Bedürfnis, Youtube aber funktioniert anders.

Gehen wir wieder zurück zur Ausgangsfrage: Was ist bei Youtube das Schlimmste, das dir passieren kann? Genau: Dass nichts passiert! Du bist nicht nur Hauptdarsteller, sondern auch Regisseur. Du allein entscheidest, wie du rüberkommst. Wenn es mies ist, schützt dich die Anonymität in der Masse: Anders als im Fernsehen werden schlechte Performances nicht in die Mitte der Manege gezerrt, sie gehen einfach in der Masse der Videos unter. Nur ein echter Hit verbreitet sich auf Youtube, erreicht ein Millionenpublikum. Das ist auch nicht verwunderlich: Mittlerweile werden täglich fünfundsechzigtausend Videoclips bei Youtube veröffentlicht – alle vier Sekunden drei Videos. Allein in Deutschland zählt die Internetseite achtunddreißig Millionen Nutzer.

Vier Jahre lang macht Torge alles allein, ohne jede Hilfe. Jede Woche hat er eine witzige Idee, formuliert einen Dialog, dreht, schauspielert, schneidet, stellt online – und zählt Klicks. Mit dem dritten Kanal »Freshhaltefolie« beginnt sich die Erfolgsstory tatsächlich zu einem lukrativen Geschäft zu entwickeln: Die Klickzahlen schnellen in die Höhe, Sandra hat sich im Netz herumgesprochen. Als Torge viele zehntausend Abonnenten hat, holt ihn Youtube als Partner ins Boot, schaltet fortan Werbung vor seinen Videos und auf den Seiten seines Kanals. Mit jedem Klick auf diese Werbeanzeigen verdient Torge mit. So weltoffen und so offenherzig die Generation Youtube ist, über Geld redet auch sie nicht. Nur so viel verrät Torge: Klicks sind seine Währung. Und: Das, was die Klicks einbringen, übersteigt bei Weitem sein Gehalt als Sozialarbeiter.

Torge könnte seinen Hauptberuf aufgeben. Tut er aber nicht: Er arbeitet weiterhin in der Grundschule. Wer jeden Tag in Tausenden Internetkommentaren liest, wie toll er ist, kann leicht abheben. Weiter im »echten Leben« zu arbeiten, hält ihn auf dem Teppich. Ohne das normale Leben wäre sein kreatives nicht möglich. Doch einmal wird ihm sein zweites Standbein zum Verhängnis: Torge ist Schulbegleiter für einen Jungen an einem Gymnasium, er hilft ihm, sich in die Klasse zu integrieren. Der Außenseiter steht vom einen auf den anderen Tag im Mittelpunkt, weil sich rasch herumspricht, dass sein neuer Integrationshelfer derjenige ist, den sie im Internet als Sandra kennen. Für den Jungen ist das wunderbar, für die Schulleitung ein Problem. Sie beruft eine Konferenz ein und kündigt die Zusammenarbeit, weil sie befürchtet, dass sich die Schüler in den Pausen nicht erholen, sondern aufgewühlt werden. Das trifft Torge, doch seine Chefin, die ihn den Schulen zuteilt, hält an ihm fest: Sie schickt ihn an seine alte Grundschule.

Wenn Torge heute erneut in eine derart zerfahrene Situation geriete und sich gar endgültig entscheiden müsste, fiele diese Entscheidung zugunsten von Youtube aus. Er steht in der Rangliste der erfolgreichsten und beliebtesten Youtube-Stars Deutschlands auf Platz sieben. Unter den Top Ten ist er dabei der einzige, der dies nicht hauptberuflich macht.

Heute verfügt er über die finanzielle Freiheit auszusteigen, er hat ausreichend Fans. Und wenn diese plötzlich in der realen Welt auf ihn treffen, ist der Geräuschpegel so, als trete ein Popstar auf. Dieser Rummel ist ihm manchmal unheimlich.

Die Kölner Lanxess-Arena im August 2011: Im Jahr zuvor waren die Youtuber nur Beiwerk. Nur eine Messehalle hatten die Veranstalter der Gamescom, die größte Computerspielmesse des Landes, den neuen Medienstars freigehalten. In diesem Jahr belegen die Selbstmacher einen Tag lang einen der größten Veranstaltungsorte Nordrhein-Westfalens. Zehntausend kreischende Jugendliche besetzen die Kölner Halle, stehen für Fotos mit ihren Vorbildern stundenlang an, kaufen T-Shirts und himmeln ihre Stars auf der Bühne an. Während die Jugendlichen hyperventilieren, fragt sich die Fernsehgeneration: Wer um Himmels Willen ist das?

Youtube produziert, unbemerkt von Millionen Deutschen, seine ersten Stars. Dabei hat das, was sie dort im Internet produzieren, nicht mehr als Homevideo-Niveau. Torges Beiträge haben sich vordergründig kaum verändert, hinter den Kulissen ist hingegen alles professioneller geworden: Eine Künstleragentur hilft ihm beim Marketing, stattet ihn bei Bedarf mit Equipment oder Personal aus, vermittelt Kontakte. Derzeit denkt Torge über bessere Werbung nach. Produktplatzierung wäre solch eine Möglichkeit: Man nehme zum Beispiel an, ein Softdrinkproduzent würde in Torges Videos Werbung schalten. Dann säße Sandra womöglich erneut beim Direktor und würde während dessen Wutrede genüsslich einen Schluck Limo trinken. Hier gelten dieselben Regeln wie im Fernsehen: Die Platzierung von Werbeprodukten muss gekennzeichnet sein. Als Torge am 8. Mai 2007 sein erstes Video hochlud, wusste er nicht einmal, dass es solche Einnahmequellen überhaupt gibt.

Irgendwann wird es den Tag geben, an dem Torge Kinder haben wird und sein Sohn oder seine Tochter ihn auf seine Videos ansprechen werden. »Die werden wahrscheinlich sagen: Was hast du denn da für einen Scheiß gemacht«, befürchtet Torge. Eine Antwort hat er sich schon zurechtgelegt: »Wegen dieses Scheiß' wohnen wir jetzt in diesem Haus.« Youtube hat ihm die finanzielle Unabhängigkeit gegeben, von der viele träumen. Und es hat ihm die Möglichkeit gegeben, mit seiner Bekanntheit anderen ihre Träume zu erfüllen. Anfang 2014 begleitet er einen Jungen, der bald sterben wird. Über die Organisation Make-A-Wish, die todkranken Kindern einen letzten Lebenstraum erfüllt, äußert der Junge aus Österreich einen besonderen Wunsch: Er will einen Tag mit seinem Idol Torge verbringen. Torge sagte sofort zu.

Noch fühlt sich Torge pudelwohl im Internet. Er kann sein Ding machen und trotzdem in seinem Dorf leben. Insgeheim spinnt er bereits den nächsten Schritt: Am liebsten würde er einen eigenen Film drehen. So unwahrscheinlich ist das gar nicht, selbst für einen Film braucht man heute keine Produktionsfirma oder Investoren mit dicker Brieftasche mehr. Christoph Maria Herbst hat es als Bernd Stromberg vorgemacht. Er hat als einer der ersten bekannten deutschen Schauspieler einen Film via Crowdfunding vorfinanziert. Eine satte Million kam so zusammen. Eine Million: eine utopische Summe für einen wie Torge? Keineswegs. Würde nur jeder seiner Abonnenten einen Euro spenden, läge der Etat bei mehr als einer Million Euro. Torge will aber zunächst seiner Linie treu bleiben. Er will im Paralleluniversum wandern, will wöchentlich seinen Fans ein neues Video präsentieren – ohne Quotendruck oder andere Zwänge. Er will sein eigener Herr sein.

Vor allem will er kein Mark Medlock sein. Bohlens einstiger Liebling verkündete im Mai 2013 sein Karriereende – sechs Jahre nach »DSDS«: Er wolle die Notbremse ziehen, gab er medienwirksam bekannt. Selbst das Schlusskapitel ist inszeniert. Torge Oelrich hingegen tritt weiter aufs Gaspedal. Eine Pressekonferenz braucht er dafür nicht, nur Kamera und Laptop – wie damals, am Tag, nachdem Mark Medlock ein Superstar wurde.

Wer einen DSDS-Sieger kontaktieren möchte, muss zunächst an den PR-Strategen von RTL vorbei. Wer Torge Oelrich erreichen will, schreibt ihm einfach eine E-Mail. Er ist für dich unter freshtorge@yahoo.de erreichbar.

Donnerstag, 12. Dezember: Wesselburen

Was darf in einem Buch, das ums Nebenhermachen geht, im einundzwanzigsten Jahrhundert nicht fehlen? Diese Frage haben wir uns anfangs gestellt und sind innerhalb kürzester Zeit zu dem Entschluss gekommen: Youtube, das Fernsehen der Zukunft. Es ist nur so: Keiner der uns bekannten Youtube-Stars macht das immer noch nebenher – mit Ausnahme von Torge. Von dem Comedy-Trio Y-Titty, die 2012 den Echo gewannen und längst hauptberuflich als Youtuber arbeiten, bekommen wir erst gar keine Antwort; Torge aber meldet sich sofort. Wir recherchieren genauer, schauen uns zig seiner Videos an, lachen, verdrehen die Augen, schütteln manchmal schockiert den Kopf – und zweifeln, ob dieser Humor in dieses Buch passt. Wir finden Ja. Wie heißt es so schön: Über Geschmack lässt sich streiten.

Gar nicht streiten lässt sich darüber, dass Torge den Nerv der Zeit getroffen hat – zumindest mit Youtube selbst. Er hat ein Medium für sich entdeckt, das zu dem Zeitpunkt noch ein Randphänomen war – und mit dem selbst Steuerberater nichts anzufangen wussten: »Bis er verstanden hat, was ich da mache, sind viele Gespräche ins Land gegangen«, sagt Torge. Der Mann aus dem Norden liegt lässig auf der Couch seiner Wohnung, das Zimmer ist abgedunkelt, seinen Laptop hat er auf den Schoß gestellt. Für ein persönliches Treffen hat Torges Zeit zwischen Sozialarbeit und Youtube leider nicht gereicht – deshalb führen wir mit ihm ein Skype-Interview.

Irgendwann in den kommenden drei Stunden geht es um Reife und darum, ob es sich ein berufstätiger Mann mit Ende zwanzig leisten kann, so albern in der Öffentlichkeit aufzutreten. Torge lacht: Für ihn schließen sich Albernheit und Reife nicht aus, antwortet er und fügt hinzu, dass er mit neunzehn wohl tatsächlich vernünftiger gewesen sei als heute. Torge ist der Typ von nebenan, der im Herzen ein Pausenclown ist, aber im Gespräch sachlich und klug analysiert. Der längst von seinem Hobby gut leben könnte, aber seinen Beruf braucht, um nicht abzuheben. Der sich nicht von Quoten unter Druck setzen lassen und daher auch nicht den Schritt ins Fernsehen gehen will. Und der auf die Frage, ob er bei all diesen Beschäftigungen noch Zeit für eine Freundin habe, erwidert: kein Kommentar. Das sei die meistgestellte Frage seiner Fans und das größte Geheimnis um seine Person. Er selbst hat die Neugier seiner Anhänger längst zum Running Gag seiner Videos gemacht und lässt die Frage unbeantwortet – vielleicht auch ganz vernünftig so.

12

DIE BEIDEN STUDENTEN
CHRISTIAN JANISCH UND
ALEXANDER KUHR PROBEN DEN
AUFSTAND: SIE WOLLEN MIT
FERNBUSSEN DAS MONOPOL DER
DEUTSCHEN BAHN ZU FALL BRIN-
GEN. ES SOLLTE NICHT DER LETZTE
KAMPF GEGEN EINEN GIGANTEN
SEIN.

MACH DEIN LEBEN ABGEFAHREN!

Wir alle vergleichen uns ständig. Wir vergleichen uns mit denen, die mehr Geld haben, die schlanker oder erfolgreicher sind. »Das Vergleichen ist das Ende des Glücks und der Anfang der Unzufriedenheit«, hat der dänische Philosoph Søren Aabye Kierkegaard gesagt. Vielleicht muss man es aber gar nicht so negativ sehen. Wenn du dieses Buch von vorne an, Geschichte für Geschichte, gelesen hast, bist du bisher elf normalen Menschen begegnet, die ihr Leben außergewöhnlich gemacht haben, die irgendwann den Mut gefasst haben, einfach loszulaufen, und die auf ihrem Weg viele Hürden überspringen mussten. Vermutlich hast du dich dabei einige Male verglichen: Vielleicht hast du gedacht, dass du für kein Geld der Welt mit ihnen tauschen würdest oder dass du es manchmal nicht geschafft hättest weiterzumachen. Vielleicht hast du sie aber manchmal auch um das beneidet, was ihnen gelungen ist, und gedacht, dass du das eigentlich auch könntest.

Sich zu vergleichen hat etwas Gutes: Es spornt dich an, und zeigt dir neue Möglichkeiten. Wer sich nie vergleicht, wird sich nicht weiterentwickeln. Und das Vergleichen hat einen weiteren großen Vorteil: Wenn wir sehen, welch große Probleme andere Menschen bewältigen müssen, kann es unsere eigenen kleiner erscheinen lassen als vorher. Das Wissen, dass es andere gibt, die über deine Hürden oder sogar noch weitaus größere gesprungen sind, kann dich beflügeln. Das Vergleichen hat also etwas ausgesprochen Gutes, der Meinung des Philosophen Kierkegaard zum Trotz. Auch in der Geschichte von Alexander Kuhr, Christian Janisch und Ingo Mayr-Knoch, den drei Gründern von DeinBus, geht es ums Vergleichen und um Hürden –

MACH DEIN LEBEN ABGEFAHREN!

so enorme, dass sie deine eigenen hoffentlich klein aussehen lassen.

Landgericht Frankfurt, Saal 001, April 2010. Die drei jungen Unternehmer sitzen auf der Anklagebank, verklagt von der Deutschen Bahn, dem milliardenschweren Weltkonzern. Der Vorwurf: Das Trio soll gegen das Personenbeförderungsgesetz verstoßen haben, ein Gesetz aus dem Jahr 1934, das die Reichsbahn einst vor Konkurrenz schützen sollte. Milliardeninvestitionen in das Schienennetz mussten sich rentieren, Konkurrenz war da nicht zu gebrauchen. Dass sich diese Investitionen längst amortisiert haben, ändert nichts daran, dass das Gesetz unverändert bis zu diesem Tag gilt. Der größte Saal des Landgerichts ist voll besetzt. Heute entscheidet sich, ob das Abenteuer der drei Pioniere zu Ende geht oder ob es jetzt erst richtig beginnt. Das Trio fiebert der Urteilsverkündung entgegen, und Deutschland schaut dabei zu. Aber die drei Jungs sind gut vorbereitet – weil sie von Anfang an wissen, dass dieser Tag irgendwann kommen musste.

Ihre Geschichte beginnt im Herbst 2007, ein wolkenloser Tag am Bodensee, als sich in der Mensa der Uni Friedrichshafen etwas zusammenbraut. Alexander Kuhr und Ingo Mayr-Knoch haben einen Plan ausgeheckt, der Deutschland verändern und die Autobahnen bunter machen wird. Alexander hat kurz zuvor ein halbes Jahr in Estland studiert, Ingo zur gleichen Zeit in Spanien. In beiden Ländern sind Fernbusse beliebte Verkehrsmittel, gerade bei jüngeren Reisenden gelten sie als sicher, sauber, zuverlässig und vor allem günstig. Als sie heimkehrten, stellten sie sich eine Frage: Wieso gibt es das nicht in Deutschland? Sie beschließen, die Frage nicht unbeantwortet zu lassen und den Fernbus auch in Deutschland zu etablieren.

Als ihr Kommilitone Christian Janisch an diesem Tag in der Uni-Mensa erstmals von dieser Idee hört, ist seine Neugier sofort geweckt. Er hakt nach, will immer mehr wissen. Der Student, der schon mit sechzehn Jahren Webseiten programmiert, spürt sofort: Dieser Plan kann tatsächlich aufgehen. Auch er ist es leid, monatlich mehr Geld für die Fahrt in die Heimat auszugeben als für sein WG-Zimmer.

Er sieht die Marktlücke schon zu einer Zeit, in der noch niemand hierzulande über Fernbusse nachdenkt, und er erkennt das Bedürfnis seiner Generation, das sie damit stillen können: Sie würden eine günstige Alternative zum Bahnverkehr anbieten, und das in erster Linie auf Verbindungen, die mit dem Zug nur umständlich zu erreichen sind. Er will mitmachen – und das Gute ist: Alexander und Ingo suchen jemanden, der programmieren kann.

Damit hat sich das junge Gründertrio, der jüngste zweiundzwanzig, der älteste fünfundzwanzig Jahre alt, gefunden. Und es scheint der ideale Zeitpunkt für sie zu sein: Etwas gründen, ihr eigenes Ding machen, das wollten alle drei schon länger, und noch sind sie ungebunden, ohne große Verantwortung und ohne finanzielle Verpflichtungen.

Dass sie sich mit ihrer Idee an eine Herkulesaufgabe wagen würden, erfahren sie nur Tage später von einem ihrer Professoren. Sie holen sich Rat bei dem Verkehrswissenschaftler, der an ihrer Universität als Bahnkritiker gilt. Er berichtet ihnen vom Personenbeförderungsgesetz und von dem Quasimonopol, das die Deutsche Bahn damit seit fast achtzig Jahren für sich beansprucht. Er erzählt ihnen von den vielen Versuchen in der Vergangenheit, dieses Gesetz auszuhebeln, und davon, dass all diese gescheitert sind. Drei Jahre vor dem großen Showdown im Landgericht Frankfurt ist der Gegner damit bereits bekannt: Wenn ihre Idee funktionieren soll, müssen sie eine Lücke im Gesetz finden, wogegen die Deutsche Bahn sicher Widerstand leisten würde.

Alexander, Christian und Ingo haben schon viele Gründungs-
ideen gehabt und genauso viele wieder verworfen. Irgendwann
kamen sie immer an einen Punkt, an dem sich zeigte, dass es
doch nicht die richtige Idee war: ohne richtigen Nutzen für
die Kunden, zu unprofitabel oder zu schwierig. Wäre es nicht
der ideale Zeitpunkt, um auch dieses Projekt frühzeitig zu beenden? Den Stecker zu ziehen, bevor jemand davon erfährt,
dass sie diesen wahnsinnigen Gedanken überhaupt gedacht haben: ein Geschäft aufzubauen, bei dem abzusehen ist, von einem Riesenkonzern verklagt zu werden? Was hättest du an ihrer Stelle gemacht?

Die drei Jungs schmeißen nicht hin. Sie glauben, dass die Nachfrage groß genug ist und dass ein Konzept, das im Ausland funktioniert, auch in Deutschland funktionieren müsste. Sie wollen
für die freie Wahl des Verkehrsmittels kämpfen. Sie wollen es
auf das Duell David gegen Goliath ankommen lassen und dabei zivilen Ungehorsam zeigen. Sie wollen das, was vermeintlich für alle Zeiten gilt, gründlich auf seine Sinnhaftigkeit hinterfragen, und sich nicht mit dem Satz zufriedengeben: Das war
schon immer so! Nachdem sie von ihrem Professor erfahren haben, über welch hohe Hürde sie springen müssen, legen die drei
Hobbyjuristen los. Sie schlagen sich durch das Dickicht aus Ge-
setzestexten, versuchen zu verstehen, was sie aussagen. Das ist
Fleißarbeit, keine vergnügungssteuerpflichtige Spaßarbeit. Irgendwann machen sie tatsächlich eine Lücke aus, beginnen zu
planen und spüren, dass dieses uralte Gesetz mithilfe des Internets zu knacken ist.

Woche für Woche vergeht, am Ende gar eineinhalb Jahre, bis das
Geschäftsmodell steht. Es ist ein Konzept, das aus ihrer Sicht
dem geltenden Recht standhält: Sie lassen die Busse nicht zu
festgelegten Zeiten fahren, sondern setzen sie nur nach Bedarf
ein. Sie bieten im Internet eine Busfahrt an, lassen diese aber
nur dann zustande kommen, wenn mindestens zehn Menschen

ein Ticket kaufen. Sie sind überzeugt, damit nur eine Plattform zu sein, die Menschen zusammenbringt – ähnlich wie die längst etablierten Mitfahrzentralen.

Mit diesem Konzept gehen sie zum Landratsamt Bodenseekreis. Ein freundlicher Mann, Mitte vierzig, sitzt vor ihnen. Seit mehr als zwanzig Jahren erteilt er Genehmigungen für Taxen und Busse. Wenn die Genehmigung abläuft, liegt die Bitte um Verlängerung auf seinem Schreibtisch – Fließbandarbeit ist das. Als die drei jungen Studenten vor ihm sitzen und das Konzept präsentieren, muss er schmunzeln: über so viel Frische, so viel Tatendrang und über so viel zivilen Ungehorsam. Tagelang prüft er das Konzept – und genehmigt es schließlich. Es handele sich um Gelegenheits- und eben nicht um den verbotenen Linienverkehr. Welch ein Meilenstein!

Das ist im März 2009. Das Trio gründet daraufhin eine Gesellschaft – eineinhalb Jahre, nachdem die Idee geboren ist. Die drei wollen durchstarten, jetzt, wo das Fundament gelegt ist und sie außerdem den Bachelorabschluss in der Tasche haben. Doch noch haben sie ein Problem, oder besser gesagt, drei: Sie haben keine Busse, sie haben kein Geld und sie haben keine Ahnung, wie alles zu organisieren ist. Aber sie haben ein Ass im Ärmel, das sie zücken, um diese Probleme anzugehen: Sie brennen für ihre Sache und lösen Probleme nicht mit Geld, sondern mit viel Kreativität.

Einen Bus zu kaufen, steht völlig außer Frage, Busse zu mieten wäre eine Möglichkeit. Die Miete für einen Reisebus beträgt allerdings zwischen fünf- und achthundert Euro pro Tag – viel mehr, als sich die Junggründer leisten können. Deshalb schließen sie Kooperationen mit Reisebusunternehmen: Die drei Gründer organisieren die Streckenplanung, übernehmen den Kundenservice, das Marketing und den Vertrieb. Der Busunternehmer blockt für den Tag seinen Bus, bis feststeht, ob sich genug Kunden finden oder nicht; falls die Fahrt nicht zustande kommt, kann er seinen Bus anderweitig vermieten. Er hat durch die Kooperation keinen Mehraufwand, doch die Chance, die Auslastung seiner Busse zu verbessern. Kommt die Fahrt zustande, dann teilen sich DeinBus und der Busunternehmer den Umsatz. Nach diesem Win-win-Prinzip funktioniert das Geschäftsmodell bis heute.

Nachdem die größten Hürden übersprungen sind – Gesetzeslücke entdeckt, Genehmigung eingeholt, bereitwillige Busunternehmer gefunden, Kooperationen abgeschlossen, Internetseite aufgebaut und alles organisiert ist –, kann es endlich losgehen. Doch die Freude währt nicht lange, der vermeintliche Gegner ist wacher als gedacht. Schon nach zwei Monaten erhalten sie Post: Eine Abmahnung von der Deutschen Bahn liegt im Briefkasten, der zwei weitere folgen werden. Sie schalten einen Rechtsanwalt ein. Der Großkonzern will die Drei-Mann-und-ohne-Geld-Bude zum Aufgeben zwingen. In den folgenden zwölf Monaten kommen die Jungunternehmer kaum voran, der Druck wird immer höher. Wieder müssen sie Juristenarbeit machen und vieles andere mehr, was nichts mit ihrer Idee zu tun hat. Es beginnt eine Zeit des Zweifelns: Haben wir uns überschätzt, sind wir auf dem richtigen Weg? Es ist auch eine Zeit des Vergleichens: Die einstigen Studienkollegen sind bereits die ersten Stufen auf der Karriereleiter hochgeklettert, fahren einen Firmenwagen und freuen sich über ein dickes Jahresgehalt, während sie nur einen Haufen Unsicherheit, kein Geld und sehr viel Arbeit haben.

Stell dir vor, du wärst den normalen Weg gegangen, hättest vielleicht BWL studiert und wärst in einem Konzern oder einer Unternehmensberatung eingestiegen. Du arbeitest hart, sechzig, siebzig Stunden pro Woche. Eines Abends triffst du in einer Disco einen ehemaligen Studienkollegen wieder. Der erzählt dir, dass er ein Unternehmen gegründet habe, es aber gar nicht gut laufe. Alles, was er erwirtschaftet, stecke er wieder ins Unternehmen. Du fragst ihn, ob er davon überhaupt leben könne, doch er schüttelt den Kopf. Du fragst weiter, ob er viel arbeite, und er antwortet: »Rund um die Uhr.« Du willst ihn gerade kumpelhaft in den Arm nehmen, ihm ein Bier spendieren und ihn mit gut gemeinten Lebensweisheiten aufbauen, als er sanft lächelt und erzählt, dass er neulich von der Deutschen Bahn verklagt wurde und gewonnen habe. Dass er deshalb im Fernsehen war. Dass er Geld von Spendern aus ganz Deutschland erhält, die sich mit ihm solidarisierten und ihm Mut machten. Dass er gerade dabei ist, eine neue Form des Fernverkehrs zu etablieren. Er nennt dieses Unternehmen sein »Baby«, und sprudelt vor Energie, weil er es mit seinen besten Freunden großzieht – ohne Chef, dafür jeden Tag. Und von diesen Tagen ist keiner wie der andere: Alles sei wie ein großes Abenteuer. Dann hält er kurz inne, strahlt und fasst sein derzeitiges Leben in drei Worten zusammen: »Ich bin glücklich!« Was würde dir wohl nun durch den Kopf gehen? Würdest du dich vergleichen? Würdest du dein Leben, das aus Zahlen und Powerpoint-Präsentationen besteht, überdenken oder ihn eher für dieses Abenteuer am Existenzminimum belächeln?

Der Gerichtsprozess bindet ein Jahr lang alle Kräfte, all die Energie, welche die drei Gründer viel lieber in den Ausbau ihres Busnetzes stecken würden als in Paragrafen. Sie leihen sich zehntausend Euro für die Prozesskosten bei Familie und Freunden. Sie richten ein Unterstützerkonto ein, weil sie so viele Mut machende Mails erhalten – am Ende landen dreitausend Euro darauf. Sie aktivieren die Medien und leisten Überzeugungsarbeit bei potenziellen Investoren. Letztere schrecken aber wegen des nahenden Prozesses zurück. Der Mechanismus der Medien ist ein anderer: Sie lieben solche Duelle, David gegen Goliath, die mit vier Bussen pro Woche gegen die mit dreihunderttausend Fahrgästen pro Tag. Die Zeitungen berichten, »Stern TV« lädt sie auf die rote Couch ein. Der Artikel auf »Spiegel online«, der ein paar Tage zuvor veröffentlicht wird, ist der meistgeklickte an diesem Tag. Als die drei Jungs am Morgen der Urteilsverkündung am Gericht ankommen, steht ein Ü-Wagen des ZDF davor – das Trio schafft es bis in die Nachrichten.

Gut zwei Stunden später ist es im Gerichtssaal mucksmäuschenstill, als sich die Richterin zur Urteilsverkündung erhebt. Hopp oder topp, alles oder nichts. Plan gescheitert, Traum geplatzt? Nein, die Richterin weist die Klage der Deutschen Bahn ab, argumentiert mit denselben Worten, welche die drei Hobbyjuristen dank eineinhalb Jahren intensiver Vorarbeit in ihr Konzept geschrieben haben. Ihr Plan hat Bestand, und die vier Advokaten der Bahn schauen schockiert in die Leere. Ihr eigener Anwalt, der sie aus Idealismus und für mickrige zweitausend Euro vertreten hat, ballt die Siegerfaust. David schlägt Goliath – und die Bahn verzichtet auf die Revision. Welch ein Meilenstein!

Jetzt kann es losgehen, oder besser: Jetzt muss es losgehen! Doch die drei machen einen Fehler. Sie bekommen im wahrsten Sinne des Wortes keine PS auf die Straße und versäumen es, den Hype um sich und ihre Idee zu nutzen. Alle Zeitungen berichten erneut über sie, über ihren sensationellen Erfolg gegen den Großkonzern. Etwa hundert Interviewanfragen zählen sie. Sie wollen jede einzelne beantworten und verheddern sich in der Medienarbeit. Obwohl der Ausgang des Prozesses nicht besser hätte sein können, kommen sie nicht aus den Startlöchern. Das Startkapital ist längst aufgebraucht, Investoren bleiben aus, und die Bank schenkt dem Businessplan kein großes Vertrauen. Von heute auf morgen vervielfachen sich die Anfragen. Sie bräuchten plötzlich viel mehr Kooperationspartner, viel mehr Busse und viel mehr Verbindungen, um dem Ansturm Herr zu werden. Vor dem Prozess war es fraglich, ob es mit DeinBus überhaupt weitergehen würde, ob nicht der Milliardenkonzern mit seinen Staranwälten gewinnen würde. Weder hatten sie die Zeit noch sahen sie den Nutzen, mühsam Kapazitäten aufzubauen, die sie vielleicht nie brauchen würden – und jetzt so dringend haben müssten. Der Vorsprung der Jungs verpufft.

Wenn Christian heute über diese Zeit spricht, wählt er eine eindeutige Metapher: Er habe sich damals, kurz vor dem Prozess, wie vor der roten Ampel auf einer zweispurigen Straße gefühlt. Sie seien längst im ersten Gang gewesen, hätten den Motor aufheulen lassen und mussten ihn wieder verstummen lassen. Als das Urteil fiel und die Ampel somit auf Grün sprang, seien sie zwar endlich angefahren, aber mussten dabei zusehen, wie mehrere andere Autos mit Tempo siebzig an ihnen vorbeirauschten. Die anderen, das sind zum Beispiel Flixbus, MeinFernbus oder der ADAC Postbus. Alexander, Ingo und Christian waren die Ersten, die auf die Idee mit den Fernbussen kamen, sie waren die Pioniere, die den Weg bereitet und das Monopol der Bahn zu Fall gebracht haben. Doch Millionäre sind die drei heute trotzdem nicht. Nach dem juristischen Kampf gegen Goliath folgt nur Monate später der Kampf gegen die nächsten Giganten – Unternehmen, die am Reißbrett geplant und mit Millionenbudgets ausgestattet sind. Da ist zum Beispiel die Daimler AG, die in Flixbus investiert hat und nun um Marktanteile ringt: Fünfundzwanzig Prozent gehören im Februar 2014 ihnen. Oder die Kooperation der beiden Riesen ADAC und Deutsche Post. Der Kampf in der Branche ist eröffnet – seine Maxime lautet Verdrängung, und er kostet viel Geld.

Alexander, Christian und Ingo gewinnen den Prozess und erhalten in dieser Zeit zahllose Kundenanfragen. Doch eines erhalten sie nicht: das Kaufangebot eines Investors – obwohl sie doch so bekannt und auf dem Weg sind, mit einem Unternehmen durchzustarten, ihrem Baby, das die Authentizität mit der Muttermilch aufgesogen hat. Kann es eine Firma mit einer besseren Geschichte geben? Eigentlich nicht.

Doch der Anruf bleibt aus, und die Jungs verstehen nur Bahnhof. DeinBus muss also weiter kreativ und sparsam bleiben, um den Überlebenskampf in der Branche, die sie einst geschaffen haben, zu überstehen. Ein Beispiel: Die bestfrequentierte Strecke des Trios geht von Stuttgart nach München, zwei bis vier Abfahrten haben sie dort inzwischen täglich und sind mit maximal neunzehn Euro sehr preisgünstig. Als sie im November 2013 mutig sind und sechs Abfahrten anbieten, reagiert das Tochterunternehmen von ADAC und der Deutschen Post prompt: Drei Tage später fällt deren Tarif von vierundzwanzig auf acht Euro. So funktioniert Verdrängung.

DeinBus mietet noch heute Busse. Sich mit dem Kauf von Bussen in unkalkulierbares Risiko zu stürzen, das Geschäft gar auf Pump zu führen, das wollen die Jungs einfach nicht. Sie sind zwar klein im Vergleich zu den großen Konkurrenten, doch mittlerweile zählt DeinBus fünfunddreißig Mitarbeiter und fünfundzwanzig Busse, die zweiunddreißig Städte anfahren. Ihr Firmensitz in Offenbach sieht genauso aus, wie man es sich bei einem Start-up-Unternehmen vorstellt: ein hochmodernes Loft im Backstein-Look, eingerichtet mit edlen Schreibtischen und unzähligen Apple-Rechnern und zwei Kickern. Bier ist immer kalt gestellt, der moderne Kaffeeautomat läuft meist im Dauerbetrieb. In den ersten Jahren, als sie noch das Büro von Christians Mutter mitbenutzen durften, war an derartigem Luxus nicht zu denken. Doch sie sind sich treu, bleiben kreativ und sparsam: Das Loft ist gemietet, die komplette, sündhaft teure Innenausstattung haben sie vom Vormieter zu einem Schnäppchenpreis übernommen.

Wer heute um ein Gespräch mit den Gründern bittet, spricht zunächst mit einer Pressesprecherin – und erhält eine überraschende Antwort: Die drei Geschäftsführer sind heute nur noch zu zweit. Ingo Mayr-Knoch ist ausgestiegen, weil ihm das Management keine Freude mehr bereitete und er eine neue Herausforderung suchte. Auch das kann passieren: Ist das eigene Baby erwachsen und sind die Kinderkrankheiten überstanden, wird der direkte Kontakt mit den Eltern weniger. In der Berufswelt heißt das: Das operative Geschäft, also das, was einst die Motivation für die Gründung war, übernehmen andere. Der Gründer selbst delegiert nur noch, und die Leidenschaft bleibt auf der Strecke. In Ingos Fall war das so.

Aus dem Trio ist ein Duo geworden und daraus eine Erkenntnis erwachsen: Alleine würden sie es nie machen – nicht nur, weil die Arbeit allein gar nicht zu schaffen wäre. Die emotionale Belastung einer Unternehmensgründung ist enorm. »Das ist eine Typfrage, aber wir brauchen beide jemanden an unserer Seite, mit dem wir Konflikte austragen und uns danach in den Armen liegen können«, sagen die beiden. Ohne diese enge Bindung würde es in einem derart emotionalen Druckkessel nicht funktionieren. »Das, was wir getan haben, ging an die Seele. Da können dir weder deine Freundin noch deine Eltern helfen. Das kann nur jemand mitfühlen, der all das selbst erlebt«, sagt Christian.

Dass sie bei einem Interview überhaupt noch zu zweit vor einem sitzen und ihr Unternehmen gegen die Giganten der Branche nicht längst den Kürzeren zog, liegt an ihrer Strategie: Sie kämpfen nicht um die Hauptverkehrsadern zwischen den Großstädten. Sie bieten nach wie vor Strecken an, die mit der Bahn nur schlecht zu bewältigen sind – und erzielten 2013 damit einen Umsatz in Millionenhöhe. Während sie sich jahrelang keinen Euro ausbezahlten und sich nur durch Nebenjobs über Wasser hielten, können die Firmenchefs heute üppig davon leben. Konkrete Gehälter wollen sie nicht in einem Buch lesen, nur so viel: Den Vergleich mit ihren ehemaligen Studienkollegen, die nach dem Wirtschaftsstudium Karriere in der Unternehmensberatung gemacht haben, scheuen sie heute nicht mehr. Wobei sich Christian in dieser Hinsicht auch gar nicht mehr vergleichen will. Mit einunddreißig Jahren soll damit Schluss sein. Er will sich an seiner eigenen Biografie und seinen eigenen Maßstäben messen. Er weiß sehr wohl, dass er keinen normalen Lebenslauf hat, denn vor BWL hat er Theologie studiert und dies ohne Abschluss abgebrochen. Er hat mehrere Jahre ohne Gehalt gearbeitet, musste häufig sparsam sein – und war dennoch glücklich. Er hat ein Abenteuer erlebt, und erlebt es noch heute. Es war ein komplexes Problem, das Alexander, Ingo und er einst gemeinsam lösen mussten. Und sie haben Geschichte geschrieben.

Wir alle vergleichen uns ständig. Im Schwimmbad vergleichen wir unsere Figuren, in der Schule und im Studium unsere Noten, später unser Gehalt. Unsere Zufriedenheit hängt sehr vom Erfolg unseres Umfelds ab. Konkret heißt das: Eine Drei in Mathe macht vor allem dann glücklich, wenn die gesamte Klasse eine Vier hat. Haben aber alle eine Zwei oder gar eine Eins, sieht die Sache mit der Zufriedenheit schon wieder ganz anders aus. Das Entscheidende beim Vergleichen ist also nicht die Tatsache, dass wir es tun, sondern mit wem wir uns vergleichen. Sich zu vergleichen, muss nicht das Ende des Glücks und der Anfang der Unzufriedenheit sein – nämlich dann nicht, wenn es konstruktiv ist. Und das ist nur eine Frage der Perspektive: Es wird immer jemanden geben, der mehr Geld, Macht oder Erfolg hat. Sich hierauf zu konzentrieren, verschwendet Energie und nützt am Ende gar nichts. Doch sich zu vergleichen, kann auch weiterbringen und neue Möglichkeiten aufzeigen. In Christian und Alex ruft manchmal eine Stimme nach Entschleunigung, einem regulären Vierzig-Stunden-Job ohne Verantwortung für zig Mitarbeiter und ständige Erreichbarkeit. Das ist halt so, wenn man Unternehmer ist, könnte man denken, aber vielleicht lohnt es sich, diese alte »Weisheit« zu hinterfragen. Christian hat sich gerade zwei Monate Auszeit genommen, um durch Australien zu reisen – und es funktionierte prima!

Der Blick über den Tellerrand des eigenen Umfelds kann sich lohnen. Er kann deine eigenen Probleme klein erscheinen lassen, dir neue Möglichkeiten zeigen und dich anspornen. Durch konstruktives Vergleichen sind Alexander und Christian auf ihr Geschäftsmodell gekommen, und sie haben gelernt, dass es auch ohne das Credo »schneller, höher, weiter« funktioniert, dass etwas Kleines zwar seine Herausforderungen, aber auch seinen Charme hat. Und vielleicht zeigt der nächste Vergleich, dass es Zeit ist, ein neues Abenteuer zu beginnen. Denn was soll noch kommen, nach all den Hürden, die sie überspringen mussten? Sie haben schon so viel gelernt, beim nächsten Mal kann es nur noch einfacher werden, egal was kommt.

Alexander und Christian stehen dir für Fragen gerne unter alexander.kuhr@deinbus.de zur Verfügung.

Danach: Vom Erdbeben zum Buch – ein Jahr im Zeitraffer

Als wir Offenbach verlassen, verspüren wir Wehmut. Damals dachten wir, es sei das Ende unserer Rechercherеise durch die Republik, und wenn all das Arbeit gewesen wäre, was wir in den vergangenen Monaten erlebt haben, würden wir jetzt tief Luft holen und erleichtert seufzen: »Geschafft!« Stattdessen: Wehmut. Das Abenteuer ist vorbei, die Geschichte, die wir später mal erzählen wollen, ist geschrieben.

Christian und Alexander sagen, ohne den jeweils anderen sei es nicht möglich gewesen, ein Fernbusunternehmen aufzubauen. Diesen emotionalen Druckkessel könne niemand nachvollziehen, der nicht selbst darin sitzt. Wir nicken ihnen wissend zu. Auch Felix und ich haben gemeinsam Erfolgserlebnisse genossen, haben diskutiert und auch zweimal heftig gestritten (Felix, du hattest beide Male recht!), haben mehrere Nächte wie Brüder auf engstem Raum nebeneinander geschlafen, sind gemeinsam in fremde Städte und spannende Lebensentwürfe eingetaucht, haben unglaublich viel gelernt und noch viel mehr Spaß gehabt.

Jede Geschichte hat ihren Ursprung, und manchmal beginnt sie auch nur, weil eine andere zuvor böse endete. Man sagt, wenn sich eine Tür schließt, öffnet sich eine neue. Bei mir war das so. Als ich Felix ein Jahr zuvor kennenlerne, ist die Welt, die ich zu kennen glaubte, zerrüttet. Seismologen sprechen bei Erdbeben ab einer Stärke von 9,0 von »extrem großen« Auswirkungen. Es ist Dienstag, der 15. Januar 2013, als meine Welt anfängt zu beben.

Eine Zeitung stirbt nicht, die lebt ewig, allen Krisen zum Trotz. Das dachte ich tatsächlich – bis zu jenem Dienstag, als uns in einer kurzfristig einberufenen Betriebsversammlung verkündet wird, dass sie meine Zeitung dicht machen. Die *Westfälische Rundschau* schließt alle Redaktionen, fast über Nacht. Hundertundzwanzig Redakteure werden entlassen, freigestellt bis Ende des Monats: gestandene Journalisten, Familienväter, alleinerziehende Mütter – und ich. Der Jobverlust ist das eine. Ich bin flexibel, jung und deshalb günstig. Ich habe keine Verpflichtungen und werde schon etwas Neues finden, irgendwo, irgendwie. Es ist vielmehr ein Gefühl, das dieses Erdbeben mit sich gerissen und dauerhaft zerstört hat: das Urvertrauen in die Arbeitswelt. Dieses Sicherheitsgefühl, das mir immer so wichtig war – sogar wichtiger als Geld. Mir war bewusst, dass ich hier nicht in Rente gehen würde, dass meine erste nicht unbedingt auch meine letzte Festanstellung sein wird. Aber ich dachte, wenn ich Leistung bringe, wenn ich stets Leidenschaft investiere und meinen Job gut mache, würde ich selbst am Ende entscheiden können, ob ich bleibe oder nicht. Und ich wollte bleiben, unbedingt. Ich schrieb über Themen, die mir lagen, wurde gefordert und gefördert, von Menschen, die ich noch heute sehr gern habe. Ich war glücklich. Doch dann kam dieses verdammte Erdbeben!

Ich versuche nun, das Folgende zu beschreiben, ohne es Schicksal zu nennen. Ich mag diesen Begriff nicht. Ich glaube, wir machen es uns damit oft zu einfach, für unser Glück und Unglück eine mystische Entscheidungshoheit verantwortlich zu machen. Alles, was passiert, hängt mit uns zusammen, mit unserem Charakter, mit unseren Stärken und Schwächen, mit unserer Art, wie wir die Welt sehen – im Guten wie im Schlechten. Du darfst es aber gerne Schicksal nennen.

Ein paar Wochen später habe ich wieder einen Vertrag für eine feste Stelle in der Tasche, aber noch keine Unterkunft. Im Internet finde ich ein Zimmer zur Zwischenmiete, in einer Zwanzig-Personen-WG, der Vermieter heißt Felix. Er wolle auf Reisen gehen und suche für diese Zeit einen Zwischenmieter. Als er aus Asien zurückkehrt, ziehe ich ein Zimmer weiter. Wir sind

von nun an Nachbarn, teilen uns Bad und Kühlschrank, philosophieren übers Leben und bemerken schnell, dass wir eine
gemeinsame Leidenschaft haben: das Nebenhermachen. Felix
war Wirtschaftsingenieur in einem Großkonzern, gründete nebenher sein eigenes Start-up, machte sich damit später selbstständig und schrieb ein Motivationsbuch. Ich spielte parallel
zu meinem Redakteursjob eine Saison lang in einer türkischen
Fußballmannschaft – und schrieb über Integration im Fußball
eine mehrseitige Reportage für den *Stern*. Irgendwann erzählt
mir Felix von seiner Idee, ein zweites Buch zu schreiben. Diesmal solle es zwar wieder darum gehen, Menschen zu motivieren, ihr Leben in die Hand zu nehmen. Aber diesmal wolle er
nicht über seine Denkweisen schreiben, sondern den Lesern
authentische Vorbilder liefern: normale Menschen wie du und
ich, die Außergewöhnliches leisten und neben ihrem Job ihr eigenes Ding machen.

Eines Abends sitzen wir beim Mexikaner, der dritte Tequila
und das fünfte Bier vor uns, als mich Felix fragt: »Sollen wir das
Buch zusammen schreiben?« Ich schaue ihn irritiert und mit
glasigen Augen an. Er weiß, dass es mein Traum ist, ein Buch geschrieben zu haben, bis ich dreißig bin. Die ersten vierzig Seiten
stehen bereits auf meinem Laptop, es soll ein Jugendbuch werden. Doch der Alltag hat mich im Würgegriff – ich bin kreativ
ausgelaugt, wenn ich abends heimkomme. Ich bin ein Profi im
Ausredenfinden und ein Experte darin, mich später über diese zu ärgern. Fünf Jahre geht das jetzt schon so. Es ist so: Wenn
Schreiben dein Job ist, fällt es schwer, dich auch privat dazu zu
motivieren, hübsche Sätze zu formulieren. Aber Felix' Frage ist
die Chance, die Komfortzone endlich zu verlassen und sich zu
zweit in ein großes Projekt zu stürzen, jeder mit seinen individuellen Stärken – und sich den Traum vom ersten Buch unter
dreißig doch noch zu erfüllen. Also schlage ich ein – und ahne
nicht, auf welches Abenteuer ich mich da einlasse.

Enjoy the process! Das ist es, was wir uns noch an diesem Abend schwören. Und irgendwie ist es wie eine Flucht: raus aus dem Anzug, in dem noch der Muff der Kündigung steckt, raus aus der Kleinstadt, in der ich als Reporter mittlerweile Geschichten schreibe. Hinein in ein Nebenherprojekt, dessen Ergebnis mir nicht nur Erfüllung bringt, sondern schon der Weg an sich. Wir sind beim Oktoberfest in München, auf dem Strietzelmark in Dresden, im Schnitzelhaus in Heidelberg, in der bezaubernden Altstadt von Marburg, fahren mit dem Cabrio nach Rhede und zur Kinderlachen-Gala nach Dortmund. Es fühlt sich so an, als würden wir jede Menge Dopamin verschwenden. Und wir reden mit Menschen, die uns inspirieren, die ihr Leben in die Hand genommen haben. Wir lernen, dass es möglich ist, sein eigenes Ding nebenher zu machen.

Wer keine Lösung findet, seinen Traum real zu machen, hat nur noch nicht lang genug danach gesucht. Das ist es, was ich nach zwölf Interviews gelernt habe – und reiche bei meinen Chefs einen Antrag für unbezahlten Urlaub ein. Drei Monate würden mir ausreichen, um endlich dieses Jugendbuch zu schreiben. Vor einem Jahr hätte ich mich das nicht getraut: weder meinen sicheren Job mit so einem Antrag zu gefährden noch meinen Chefs zu erzählen, was ich vorhabe. Ein Jugendbuch, tzzz, ein Hirngespinst ist das, brotlose Kunst! Aber da kannte ich auch Dildodesignerin Anja Koschemann noch nicht, die sich mit einer noch verrückteren Idee selbstständig machte. Da kannte ich Alexander Heilmann noch nicht, der auch nicht damit rechnete, mit seinen Fanpages einmal Geld zu verdienen. Mir war da noch nicht Martin Smik begegnet, der sich im Job ausgebremst fühlte und mehr wollte als nur Nullachtfünfzehn. Da dachte ich noch, Zeitungen leben ewig, und wenn ich den Sprung in das Haifischbecken wage, komme ich darin um. Heute weiß ich: Wir sitzen ständig im Maul des Haifischs. Heute ist der Job noch sicher, vielleicht auch noch morgen und übermorgen – aber wer garantiert, dass auch der nächste Chef deine Nase mag? Wer garantiert, dass die nächste Wirtschaftskrise nicht auch deinen Arbeitsplatz vernichtet? Niemand! Frag mal bei den Mitarbeitern von Schlecker oder Opel nach. Und wer weiß: Vielleicht ist das Zeitfenster, das jetzt noch offensteht, dann bereits geschlossen. Vielleicht hast du dann nicht mehr die Freiheit zu sagen: Ja, ich starte ohne Druck mein eigenes Ding!

Zwei Wochen nachdem ich meinen Antrag eingereicht habe, bekomme ich einen völlig unerwarteten Anruf: Der Ressortleiter eines der größten deutschen Magazine ist am Apparat. Er habe meine Reportage über die türkische Fußballmannschaft gelesen und wolle mir nun anbieten, zwei, drei Monate in seine Redaktion hineinzuschnuppern. Was danach passiere, sei völlig offen, und ich solle dringend versuchen, unbezahlten Urlaub zu nehmen, und nicht etwa für diese Chance meinen Job kündigen. Um es mit dem Fußball zu vergleichen: Dies ist die Chance, auf die jeder Nachwuchskicker wartet, auf diesen Anruf vom FC Bayern München, der ihn zum Probetraining einlädt. Nur: Wie soll ich in den drei Monaten meinen Traum vom Jugendbuch und zugleich diese einmalige Chance unterbringen? Doch die Frage stellt sich nicht, der Antrag wird monatelang nicht beantwortet: Das sei eine Grundsatzentscheidung, heißt es aus der Chefetage, und die benötige Zeit. Die Arbeitswelt ist einfach noch nicht so weit. Sie hat sich an Elternzeit gewöhnt, nicht aber an Sabbaticals.

Vor einem Jahr hätte ich das Buch und das Probearbeiten verschoben. Ich hätte darauf gewartet, dass es einen besseren und danach einen noch besseren Zeitpunkt gibt. Diesmal aber warte ich nicht mehr: Ich will mein nächstes Abenteuer erleben, Grenzen ausloten, Erfahrungen sammeln. Ich habe meinen festen Job gekündigt. Ich wollte nicht eines Tages sagen: »Du, einmal hätte der Papa fast für das größte deutsche Magazin schreiben dürfen.« Oder: »Eigentlich würde ich dir gerne aus einem ganz besonderen Jugendbuch vorlesen, aber ich bin nicht dazu gekommen, es zu schreiben.« Ich wollte es versuchen.

Dass alles ganz anders kommen würde und dieses Buch nicht an dieser Stelle endet, ist das Ergebnis dreier spannender Jahre, die nach meiner Kündigung folgten. Aber was in dieser Zeit genau passierte, erzählen wir euch später – außer eines. Karl von Wendt, den ihr in der folgenden Geschichte kennenlernt, und wir verfolgen inzwischen das gleiche Ziel: frischen Wind in die Verlagswelt bringen.

Und das sind wir: Dennis Betzholz (l.) und Felix Plötz

13

KARL WENDT HAT EINEN HEIMLI-
CHEN TRAUM: ER WILL BÜCHER
SCHREIBEN! EIN LEBEN VOLLER
HÖHEN UND TIEFEN HAT IHN GE-
LEHRT, DASS MAN AM BALL BLEI-
BEN MUSS, WENN MAN ETWAS
WIRKLICH WILL. ALSO BEGINNT ER
ZU SCHREIBEN UND IGNORIERT
ALLE ANFÄNGLICHE ABLEHNUNG.
DOCH WAS DANN PASSIERT, HÄT-
TE NICHT EINMAL ER SICH TRÄU-
MEN LASSEN!

Jede gute Geschichte will erzählt werden!

Die Entscheidung, ob einer etwas aus seinem Leben macht, fällt nicht mit der Geburt. Sie lässt höchstens eine vage Prognose zu, ob die Chancen gut oder weniger gut stehen, je nachdem, wie wohlhabend oder gebildet die Eltern sind. Die Chancen von Dr. Karl-Ludwig Max Hans Freiherr von Wendt, den alle nur Karl nennen, hätten demnach nicht besser stehen können. Er entstammt einem alten westfälischen Adelsgeschlecht, in dessen über siebenhundertjähriger Familiengeschichte ein beachtliches Vermögen entstanden war, das nicht nur Geld, sondern noch dazu acht Schlösser umfasste. Karls Jugend unterschied sich von der vieler anderer: Er lebte – der Familientradition folgend – bereits ab dem Alter von neun Jahren in einem Internat. Seine Ferien verbrachte er allesamt im Freizeitpark »Fort Fun«, der seinem Vater gehörte. Dieser wiederum wurde zuvor als Rennfahrer berühmt und kämpfte erbittert für den Sauerland-Ring, die Rennstrecke in seiner Heimatregion. Am Ende verlor er den Kampf.

Karl, heute sechsundfünfzig Jahre alt, war damals Mitte zwanzig, als seine privilegierte Welt zusammenbrach. Das »Fort Fun« geriet in finanzielle Schieflage, die darin gipfelte, dass sein Vater alle Besitztümer verkaufen musste, um seine Schulden zu begleichen. Wie es ist, als designierter Erbe einer stolzen, Jahrhunderte alten Familiendynastie plötzlich nichts als Scherben und Spott zu ernten? Karl kennt die Antwort. Doch seine Geschichte endet nicht in dieser Misere. Sie beginnt hier erst.

Denn Karl rappelt sich auf, schließt sein Wirtschaftsstudium ab, promoviert über künstliche Intelligenz und geht zur Unternehmensberatung McKinsey. Kurze Zeit später wird er Marketingleiter eines TV-Senders, danach Inhaber einer Webagentur und letztlich Chef in der Briefumschlagfabrik seiner Schwiegermutter. Doch so spannend all diese Stationen sind – viel spannender wird es danach: Als Karl zum ersten Mal in Berührung mit der verrückten Welt der Start-ups kommt. Diese Erfahrung wird ihn eines Tages auf verschlungenen Wegen zum Bestsellerautor machen. Aber vorher ist seine Geschichte eine von großen Träumen und eisernem Durchhaltewillen, in der sich erneut das über zweitausend Jahre alte Zitat von Demokrit bewahrheitet: Mut steht am Anfang, Glück am Ende.

Es ist das Jahr 1999, lange vor den weltverändernden Anschlägen des 11. September: Die Welle der Dotcom-Euphorie baut sich langsam auf, noch lange bevor sie zum verheerenden Tsunami werden sollte. Die Möglichkeiten der jungen Technologie scheinen grenzenlos, Internetfirmen schießen wie Pilze aus dem Boden und machen so manchen Gründer reich. »Irgendwas läuft hier doch mächtig schief, wenn diese Typen Milliardäre werden!«, ist Karls Reaktion auf die Nachricht, dass das Internet-Auktionshaus Ricardo soeben verkauft wurde. Es ist nicht so böse gemeint, wie es klingen mag. Er kennt die Gründer persönlich und schätzt sie sehr – nur fassen kann er es dennoch nicht. Exakt zwölf Monate hatte es gedauert, bis aus der 1998 gegründeten Internetbude eine börsennotierte AG geworden war. Ein halbes Jahr später war die »Bude« 1,8 Milliarden Euro wert und wiederum ein halbes Jahr später wurde sie verkauft. Ihre Gründer wurden auf einen Schlag zu sehr wohlhabenden Männern.

Kurz zuvor hatte auch Karl sich mit dem Start-up-Fieber infiziert und aus seiner Webagentur eine Softwarefirma ausgegründet. Die Idee, die er verfolgte, wirkt heute wie aus der Kreidezeit des Internets – und gleichzeitig erstaunlich aktuell: Er entwickelte mit künstlicher Intelligenz ausgestattete Chatbots. Diese hatten mit ihren heutigen Pendants natürlich so wenig zu tun wie der erste VW Golf mit dem aktuellen Modell. Dass selbst dieser freche Vergleich wohl noch untertrieben ist, lässt sich daran ablesen, dass die gefragteste Dienstleistung von Karls Webagentur das Einrichten einer E-Mail-Adresse war – um E-Mails auszudrucken und sie per Fax an den ursprünglichen Empfänger zu schicken. Wie gesagt, es war die Kreidezeit des Internets. Doch die Technologie der Chatbots war damals brandneu und Karls Firma stieg kometenartig auf. Dabei wäre es beinahe ein Fehlstart geworden, denn Karl verkörperte zu Anfang alles andere als das Stereotyp des erfolgreichen Jungunternehmers, weshalb er beinahe einen wichtigen Investor verloren hätte. Seine Anzüge waren klassisch, mit traditionellem Schnitt und mit goldenen Knöpfen versehen. Sein Büro sah ebenfalls nicht nach Start-up aus, sondern eher wie eine Mischung aus Strombergs Versicherungsbüro und einer Zahnarztpraxis. Dieses dezente Auftreten überzeugte den Geldgeber nicht. Er hatte mehr »bling bling« von einem aufstrebenden Start-up erwartet. Nach viel Überzeugungsarbeit, dem Kauf neuer Anzüge und einem Umzug in eines der teuersten Büros in ganz Hamburg gibt es dennoch zwei Millionen Euro Startkapital und wenig später weitere acht Millionen.

Weltweit agieren, das gehört damals zum guten Ton der deutschen Gründerszene und gilt natürlich besonders für das »Start-up des Jahres 2000«, zu dem es die *Wirtschaftswoche* bereits kurz nach seiner Gründung kürt. Neben dem Hauptsitz in Hamburg sollen zeitgleich auch Standorte in England und den USA aufgebaut werden, was Karl mit prallgefüllten Taschen im Jahr 2000 nach New York führt. Nicht kleckern, sondern klotzen – wenn schon Internationalisierung, dann auch richtig, denkt er sich. Dabei findet Karl sogar noch die Zeit, um durch die örtlichen Buchhandlungen zu stöbern. Für den passionierten Bücherfan ein Muss in dieser Stadt – egal wie eng der Zeitplan ist. Auf seinem Abstecher springt ihn ein Buch förmlich an, denn es berührt einen Traum, von dem bislang nur wenige in seinem Umfeld wissen und der auch nicht zum Typus des kühlen Unternehmenslenkers passt. Das Buch heißt *So you want to write a novel*, geschrieben von Lou Willett Stanek.

Genau das war es, was er schon so lange insgeheim wollte: einen Roman schreiben. Dass das Buch im Kern nur eine einzige Aussage hat, stört Karl dabei nicht, denn diese trifft einen Nerv: »Du möchtest Autor werden? Dann setz dich hin und schreib. Keine weiteren Ausreden mehr. Ein Schriftsteller ist jemand, der schreibt. Punkt!« Genau das war bisher das Problem gewesen. »Das mache ich, sobald ich Zeit habe«, sagte er sich immer, was dazu führte, dass es bislang beim ständigen Träumen blieb, beim dauerhaften Verharren in der Warteschleife des Lebens – angefangen hatte er nie. Doch an diesem Tag fackelt Karl nicht lange und kauft begeistert das Buch.

Drei Jahre später findet er es ungelesen in seinem Bücherregal wieder. Er hatte nicht die Zeit gefunden, es zu lesen. Doch diesmal lag es nicht an falschen Prioritäten. Karl hat tatsächlich eine turbulente Zeit hinter sich. Die Dotcomblase war zwischenzeitlich geplatzt und mit ihr der Traum vom großen Erfolg. Zehn Millionen Euro waren verbrannt worden und von den einst sechzig Mitarbeitern hatte er eigenhändig sechsundvierzig entlassen müssen. Es war an der Zeit, einen neuen, alten Traum zu verwirklichen: Diesmal liest Karl das Buch wirklich, in einem Rutsch. Am nächsten Tag fängt er an zu schreiben – und von da an schreibt er jeden Tag.

Anfangs schreibt Karl noch abends, wenn er von der Arbeit nach Hause kommt und die Kinder im Bett sind. Doch er merkt schnell, dass dieser Weg eine Sackgasse ist. Ihm fehlt abends die Energie, um noch kreativ zu sein. Was nun – aufhören? Das kommt für Karl nicht infrage. Denn es gibt eine Alternative, die es allerdings in sich hat: morgens früher aufstehen und konsequent eine Stunde lang schreiben. Da Karl bereits um sechs Uhr aufsteht, klingelt von nun an der Wecker um kurz vor fünf. Die ersten vier Wochen sind hart, dann hat sich sein Körper an den neuen Rhythmus gewöhnt und sein schriftstellerischer Output gewinnt an Quantität wie auch an Qualität. Mit einer Schreibstunde am Tag schafft er pro Monat ungefähr fünfzig Seiten, so viel wie die meisten Vollzeitautoren. Dank dieser außergewöhnlichen Disziplin ist sein erster eigener Roman nach nur wenigen Monaten fertig, der allerdings ein kommerzieller Flop werden sollte. Das weiß Karl zu diesem Zeitpunkt glücklicherweise noch nicht, sodass er kurz darauf voller Stolz und Motivation seinen zweiten Roman beginnt. Von da an führt Karl von Wendt ein Doppelleben: Seine Romane veröffentlicht er als Karl Olsberg, benannt nach seiner Heimatstadt im Sauerland.

Karl von Wendt bleibt hingegen Unternehmer. Und er versteht mittlerweile, warum es heißt, dass der schönste Tag im Leben eines Gründers der Tag ist, an dem er die Idee zu seiner Firma hatte. Sein Unternehmen stagniert in den folgenden vier Jahren. Es hat sich zwar etabliert, doch der Markt ist zu dieser Zeit viel zu klein, als dass es noch ein großer Erfolg werden könnte. »Schnell wachsen und die fantastischen Ziele des Businessplans erreichen, oder schnell Pleite gehen, und dann ist es auch egal«, hatte er damals von vielen Kollegen in der Gründerszene gehört. Den Mittelweg des wirtschaftlichen Dahinsiechens hat da keiner der bis in die Haarspitzen motivierten Gründer auf dem Schirm. Auch Karl nicht. Letztlich widerfährt ihm dasselbe, das Jahre zuvor auch schon Steve Jobs passierte: Er wird aus seiner eigenen Firma geworfen. »Du wirst nicht mehr gebraucht – deine Gesellschafter«, heißt es zusammengefasst. Es ist ein schwerer Schlag für ihn, denn auch der Traum vom erfolgreichen Schriftsteller ist bis zu diesem Zeitpunkt genau das geblieben: ein Traum.

Tausende investierte Stunden und drei eigene Bücher später hat er als Angestellter in einer Beratungsfirma wieder Fuß gefasst – und bislang für seine Romane lauter Absagen von den Verlagen kassiert. Häufig sind es schlecht kopierte Standardtexte, die er zurückbekommt. »Wir haben Ihr Manuskript sorgfältigst geprüft, müssen Ihnen aber leider mitteilen, dass es nicht hundertprozentig in unser Programm passt«, ist so eine Phrase, die er dutzendfach liest. Doch in das Wechselspiel aus Bemühen und Absagen mischte sich die handgeschriebene Nachricht einer Lektorin: »Es passt nicht in unser Programm, aber bitte geben Sie nicht auf. Sie haben Potenzial!« Karl motiviert diese Absage mehr als es ein halbherziger Verlagsvertrag je gekonnt hätte. Angespornt durch diese Bestätigung nimmt er auch an einem ersten Schreibwettbewerb teil – und landet prompt unter den ersten zwanzig Teilnehmern. Es ist ein Meilenstein für ihn, der allerdings kurze Zeit später bereits getoppt wird: Mit einer Kurzgeschichte zum Thema »Glück« gewinnt er völlig unerwartet den ersten Platz des Schreibwettbewerbs des *Buchjournals*. Dieser ist zwar nicht mit viel Geld dotiert, hat aber einen viel größeren Wert für ihn: Es ist die Eintrittskarte für die großen Verlage. Karl bekommt einen Vertrag beim Berliner Aufbau Verlag – der zuvor bereits einen seiner Romane abgelehnt hatte – und macht sich umgehend an die Arbeit. Zwei Jahre später erscheint sein vierter Roman *Das System*. Der Thriller schlägt ein und macht aus dem bislang unbekannten Karl Olsberg einen Bestsellerautor.

In den darauffolgenden Jahren bleibt Karl seinem morgendlichen Rhythmus treu und schreibt weiterhin mit eiserner Disziplin eine Stunde pro Tag. Das Ergebnis sind sage und schreibe vierzehn weitere Bücher, die er in Verlagen veröffentlicht. Doch obwohl er sich in der Verlagswelt längst etabliert hat, kann er in den folgenden Jahren an den Erfolg von *Das System* im Jahr 2007 nicht mehr anknüpfen. Aber Karl wäre nicht Karl, würde er nicht weitermachen, geduldig und ideenreich. Er experimentiert mit anderen Genres und vor allem mit Selfpublishing. Das ist für etablierte Autoren bis dahin eher unüblich, gilt es zu der Zeit noch als Notlösung für diejenigen, die es mit ihren Manuskripten nicht über die Hürde von »Wir haben Ihr Manuskript sorgfältigst geprüft« geschafft haben.

Als sein Sohn ihm irgendwann von diesem neuen, total coolen Computerspiel erzählt, ist Karls Interesse sofort geweckt. Er staunt nicht schlecht, als er die pixelige Grafik sieht, die überhaupt nicht in das Jahr 2013 passt, sondern vielmehr an Computerspiele aus den Neunzigern erinnert. Doch es ändert nichts: Minecraft ist der absolute Hit bei der Generation seiner Kinder. Und auch Karl zieht die pixelige Würfelwelt in ihren Bann. Vielleicht, weil sie ihn an seine Anfänge in den Neunzigern erinnert, vielleicht aber auch, weil man hier seiner Fantasie freien Lauf lassen kann. In Minecraft ist alles möglich, die Welt grenzenlos und komplett veränderbar. Wäre sie dann nicht auch ideal dafür geeignet, um dort einen Roman anzusiedeln? Karl weiß, dass dies eine Frage ist, die sich nicht theoretisch, sondern nur durch Ausprobieren klären lassen würde. Zwölf Wochen, so kalkuliert er, würde er für das Manuskript brauchen. Ein überschaubarer Zeitraum und Grund genug für ihn, es anzugehen.

Ein paar Monate später ist er gerade dabei, eine Präsentation über die fundamentalen Umbrüche der Buchbranche vorzubereiten, die er als Berater bei einer großen Verlagsgruppe halten soll. Und dabei möchte er eben auch seine eigenen Erfahrungen als Selbstverleger auf Amazon einfließen lassen. Zwar gilt Amazon längst als wesentlicher Treiber des Wandels in der Buchbranche, doch nach der ursprünglichen Euphorie für Minecraft, die Monate zuvor in seinem Roman *Würfelwelt* mündete, waren Karls Erfahrungen leider bisher alles andere als erfolgreich. Sein Roman war schlicht in der endlosen Masse der Bücher untergegangen. Bis zu diesem Morgen: Das muss doch ein Fehler sein! Karl kann nicht fassen, was er da sieht. Fast im Affekt klickt er auf das kleine Pfeilsymbol oben links in seinem Browser, um die Seite zu aktualisieren. Doch es ändert sich nichts: Die *Würfelwelt* steht plötzlich nicht mehr unter ferner liefen, sondern ist die Nummer vier aller Bücher bei Amazon. Platz vier von mehr als sechs Millionen Büchern, die im sogenannten Verkaufsrang gewertet werden. Für einen Autor – ganz gleich ob als Einzelkämpfer oder als Verlagsautor – ist dies ein grandioser Erfolg.

Einige Stunden später rückt der Roman sogar noch auf Platz zwei der Amazon-Charts vor. Am Abend wird ihm das Verkaufstool bei Amazon berichten, dass er an diesem einzigen Tag über achthundert Exemplare verkauft hat. Karl fällt fast vom Glauben ab.

Doch wie konnte dieses Wunder geschehen? Zunächst tappt Karl im Dunkeln, bis er in einer Rezension zu seinem Buch den Namen »Concrafter« liest. Eine Google-Suche später sieht er einem blonden Jungen auf Youtube beim Minecraftspielen zu. Luca alias »Concrafter« ist Youtuber, dessen Kanal schon damals Hunderttausende Fans abonniert hatten. Er war durch Zufall auf Karls Buch gestoßen. Voller Begeisterung berichtet er in einem seiner Videos davon. »EPIC MINECRAFT BUCH!! UNBEDINGT ANSCHAUEN!!!« lautet der Titel, und es ist nichts anderes als eine zwölf Minuten lange Produktempfehlung. Die Videobeschreibung bringt es auf den Punkt: »OMG, SOFORT BESTELLEN, EINFACH NUR GEILOOOO!!« Was heute als Influencer Marketing der Megatrend der Werbebranche ist und so manchen jungen Menschen durch Youtube, Snapchat oder Instagram äußerst wohlhabend gemacht hat, ist damals eine freiwillige und unbezahlte, aber dafür eine umso authentischere Werbung für Karls Buch. Sie bedeutet einen unvergesslichen Tag in Karls Leben und gleichzeitig den größten Erfolg seiner Karriere, weit vor allen anderen Verlagstiteln – den *Spiegel*-Bestseller *Das System* eingeschlossen.

Durch die Flexibilität des Selfpublishings kann Karl nun schnell reagieren. Während die Veröffentlichungstermine der traditionellen Verlage in der Regel mindestens ein Jahr im Voraus geplant werden, kann Karl als Selfpublisher in Rekordzeit die Fortsetzung publizieren: Keine sechs Monate nach der Concrafter-Episode erscheint bereits der zweite Teil der *Würfelwelt*. Auch dieser ist ein gigantischer Erfolg, für den Karl allerdings auch einen cleveren Schachzug wählt: Er baut Concrafter als literarische Figur in seinen Roman ein und erntet erneut Begeisterungsstürme in den sozialen Medien. Insgesamt erscheinen in den nächsten Monaten drei Bücher der *Würfelwelt*-Reihe, gefolgt von weiteren elf Bänden von *Das Dorf*, einer ebenfalls im Minecraft-Universum angesiedelten Buchreihe, die für ein jüngeres Publikum gedacht ist. Insgesamt verkauft er über zweihunderttausend Bücher im Selfpublishing – eine unfassbare Zahl, die nur ein Bruchteil aller etablierten Autoren in ihrem Leben jemals erreicht.

Parallel zu diesem modernen Märchen wächst bei Karl der Frust über das Angestelltenleben – und die Lust, noch einmal etwas Eigenes zu gründen. 2015 ist es dann soweit, zusammen mit zwei Mitgründern, die er noch aus den Zeiten seines ersten Start-ups kennt, gründen sie Papego. Es ist ein Unternehmen, mit dem sie sich ein hohes Ziel gesetzt haben: Sie wollen nicht weniger als einen neuen De-Facto-Standard im gesamten Buchmarkt etablieren. Die Idee hinter Papego ist schnell erklärt und passt augenscheinlich wie die Faust aufs Auge in unsere heutige Zeit: Um unterwegs weiterlesen zu können, ohne dafür schwere Bücher mitzuschleppen, fotografiert man mit der App die letzte gelesene Seite ab und kann von da an nahtlos auf dem Handy weiterlesen. Ideal für schwere Bücher und all die kurzen Wartezeiten im Alltag, an der Bushaltestelle, im Wartezimmer oder im stillen Örtchen. Und außerdem ideal für die junge Generation, von der viele glauben, sie ließe sich nur noch für Smartphones und Snapchat begeistern, nicht aber für Bücher. Ein Irrglaube. Sie lesen Bücher. Vorausgesetzt, man stellt es richtig an.

Die Idee zu Papego kam Karl allerdings nicht über seine Söhne, sondern in Vorbereitung auf eine Geschäftsreise. Der dicke Wälzer, der da vor ihm lag, wollte partout nicht mehr ins Gepäck passen – aber verzichten wollte Karl auch nicht darauf. Er traf eine Entscheidung, die ihm heute noch eine Gänsehaut beschert: Er holte das schärfste Küchenmesser, das er finden konnte, und schnitt das achthundert Seiten starke Buch in der Mitte des Rückens durch. Ihm war klar: So etwas wollte er nie wieder tun müssen. Doch würde es auch andere Menschen geben, die mit diesem Problem kämpften und die als passionierte Printfetischisten keine E-Books verwenden wollten? Er fand es durch eine Befragung in einem Vielleserforum heraus: Zwei Drittel fanden die Idee überflüssig, jeder Dritte jedoch genau richtig für all die kleinen Wartepausen im Alltag, wenn man eben kein Buch oder Kindle im Gepäck hat. Sie gaben an, dafür sogar Geld zahlen zu wollen. Der Proof of Concept war damit für ihn erledigt.

Die Gründer legen los – allesamt neben ihrer normalen Arbeit und können schnell erste Erfolge feiern: Als ersten Verlagspartner können sie im Jahr 2016 den Piper Verlag gewinnen. Ein wichtiger, erster Schritt auf dem langen Weg zum Buchstandard. Denn jedes Buch ist zwar grundsätzlich für die App geeignet, doch in der Praxis funktioniert Papego nur dann, wenn vorher der Verlag mit an Bord geholt werden konnte, bei dem schließlich alle Nutzungsrechte liegen – auch für das Lesen auf dem Smartphone. Außerdem sind die Bücher selbst einer der wichtigsten Werbekanäle für das junge Start-up. Nur wenn auf dem Cover ein Aufkleber ist, der auf Papego hinweist, wissen die Leser, dass dieses Buch auch für die App geeignet ist. Im Schnitt laden sich drei bis vier Prozent aller Leser daraufhin die App runter. Mit den rund sechzig Titeln, die bislang im Programm sind, konnte Papego bereits über fünfzehntausend User gewinnen – ohne auch nur einen Euro in Werbung zu stecken.

Wie die Geschichte ausgehen wird? Das weiß keiner, selbst die Gründer von Papego nicht. Denn eines hat Karl in seinem Leben gelernt: Sicher ist nur, dass nichts sicher ist. Ein über Jahrhunderte aufgebautes Familienvermögen kann von heute auf morgen verschwinden. Ein gehyptes Start-up kann abstürzen – und dennoch weiterleben. Ein erfolgloser Autor kann über Nacht zum Bestsellerautor werden. Karl weiß, dass die Unsicherheit dazugehört, aber nicht zwangsläufig etwas Schlechtes sein muss. Bislang sieht es zumindest so aus, als käme Papego seinen Zielen immer näher: Nach dem Starterfolg bekommt Papego mehrere Preise, unter anderem den Publikumspreis auf der Leipziger Buchmesse sowie die Auszeichnung »Content Start-up des Jahres« des Börsenvereins des deutschen Buchhandels. All diese Erfolge beflügeln das Start-up und überzeugten die größte deutsche Buchhandelskette: Im März 2017 schließen Papego und Thalia eine strategische Partnerschaft, um das Titelangebot noch einmal deutlich zu vergrößern. In all der Unsicherheit bleibt eine Gewissheit, die beruhigt: Karls Geschichte ist noch lange nicht zu Ende erzählt.

Karls Top-3 Schreibtipps:

Tipp 1: Fang klein an!

Einen ganzen Roman mit zweihundert Seiten oder mehr zu schreiben, ist ein enormer Kraftakt. Die Gefahr ist groß, sich in Details zu verheddern oder die Lust zu verlieren. Klar, du möchtest lieber einen Roman schreiben als »nur« eine Kurzgeschichte, und dann damit ganz schnell reich und berühmt werden. Aber so läuft es nicht! Wenn du gleich mit einem Roman anfängst, wirst du mit großer Wahrscheinlichkeit wieder aufhören, bevor du auf Seite hundert bist (ich hab das selbst mehrfach erlebt). Wenn du aber eine kurze Geschichte zu Ende schreibst, hast du zumindest schon mal ein Erfolgserlebnis, das dir niemand mehr nimmt.

Tipp 2: Schreib regelmäßig!

Es kommt nicht auf die Länge der Schreibzeit an, sondern auf ihre Regelmäßigkeit! Für den Anfang reichen zwei Stunden pro Woche vollkommen aus. Das Wichtigste ist: Wenn du es mit dem Schreiben wirklich ernst meinst, dann bitte keine faulen Ausreden mehr – »Ich hab jetzt keine Zeit« bedeutet nämlich in Wirklichkeit »Das ist mir nicht wichtig genug«. Schreiben ist ein Handwerk! Besonders in Deutschland hält sich hartnäckig die Vorstellung, literarisches Schreiben könne man nicht lernen. Das ist totaler Quatsch.

Tipp 3: Hab Spaß!

Es gibt leider keinerlei Garantie, dass du Bestsellerautor wirst. Darum sollte es auch nicht gehen, sondern darum, dass dir die Tätigkeit des Schreibens Spaß macht. Enjoy the Process! Hier ein paar Gründe, die mich motivieren, dranzubleiben:

- Schreiben ist für mich wie Lesen – nur zehnmal so intensiv. Wenn die Geschichte in meinem Kopf entsteht, tauche ich viel tiefer ein, als wenn ich den Gedanken eines anderen folgen muss.
- Ich schreibe nur Geschichten, die ich auch gern lesen würde.
- Wenn ich morgens zwei bis drei Seiten geschrieben habe, dann habe ich etwas geschafft. Der Tag kann gar nicht mehr wirklich schief gehen.
- Es macht irgendwie Spaß, »Gott« zu sein. Wenn ich schlechte Laune habe, kann ich sie an meinen Figuren auslassen! (Diese Erkenntnis ist übrigens ein guter Grund für mich, Atheist zu sein.)
- Da ist eine Geschichte in mir, die unbedingt raus will.

Drei Jahre später: Hamburg

Mutiger sein. Nicht darauf warten, dass das Glück irgendwann anklopft. Einfach mal machen und dabei mit jeder Faser den Weg genießen, anstatt verkrampft auf das Ziel zu schielen. Ja, wir hatten wirklich viel gelernt auf unserer Reise durch die Republik im Jahr 2013. Mit einer gehörigen Portion väterlichem Stolz konnten wir unser »Baby« dann ein paar Monate später druckfrisch in den Händen halten. Dass unsere Reise nach diesem vermeintlichen Endpunkt jedoch erst richtig losgehen sollte, wussten wir damals nicht.

Auf die Veröffentlichung des Buchs folgten spannende Wochen und Monate. Mehrere große Medien berichteten über unser kleines Nebenprojekt, wir veranstalteten Lesungen und schafften es sogar bis ins Fernsehen. Obwohl das Buch in so gut wie keinem Buchladen zu kaufen war, weil wir als Zwei-Mann-Verlag gar nicht die vertrieblichen Möglichkeiten dazu hatten, erreichte es dennoch im Herbst 2014 Bestseller-Status auf Amazon. Unser Leben war zu dieser Zeit bunt und spannend, und wir genossen jede Minute. Uns war klar, dass es nicht ewig so weitergehen konnte, aber wir waren angefixt. So sollte es bitteschön weitergehen! Nur wie?

Eines Tages erlebte Felix den klischeehaften Heureka-Moment unter der Dusche: Warum machten wir mit dem Verlegen von Büchern nicht einfach weiter? Wir wussten doch jetzt, wie man das macht! Wir wussten aber auch, was wir nicht gut konnten: Unsere größte Schwäche als Verlag war, dass unser Buch nicht physisch in der Buchhandlung lag, wofür es einen schlagkräftigen Vertrieb bräuchte. Plötzlich kam uns die Idee: Hatten wir nicht von Torge gelernt, dass Youtuber mit ihren Videos Hunderttausende von Menschen erreichten und dass sie die Stars der Jugendlichen sind? Wie wäre es also, wenn wir mit Youtubern Bücher machen würden? Es wäre die ideale Kombi für uns.

Die Youtuber bringen schließlich nicht nur ihre Zielgruppe mit, sondern auch gleich den passenden Vertriebskanal. Im Gegenzug würden wir sie ganz anders finanziell beteiligen können als ein großer Verlag, der viel mehr Kosten verursacht.

Da das Risiko überschaubar war, beschlossen wir, es zu versuchen. Einfach mal machen! Mittlerweile arbeitete Dennis als freier Journalist, da das Intermezzo beim FC Bayern des Journalismus zwar erfolgreich verlief, nur zeitlich mit einem generellen Einstellungsstopp zusammenfiel. Eine seiner letzten Geschichten handelte von einem jungen Mann namens Benjamin Fokken, dessen Video er durch Zufall auf Facebook entdeckte: Darin »outete« sich Benjamin auf berührende Weise als Mobbingopfer. Eine Woche und fünf Millionen Klicks auf das Video später hatte Dennis dutzende Anrufe von anderen Medien erhalten, die auf seine Geschichte aufspringen wollten – und wir hatten unseren ersten Autor unter Vertrag. Benjamin war zwar kein Youtuber, aber mittlerweile ein kleiner Social-Media-Star!

Im Prinzip war es das perfekte Buch für den Einstieg: Natürlich wollten wir damit Geld verdienen, alles andere wäre gelogen. Was uns aber noch viel mehr reizte, war es, die Botschaft zu verbreiten: Mobbing geht gar nicht! Und wie Kinder darunter leiden, sollte jeder wissen: die Mobber, andere Gemobbte, die Mitläufer, Lehrer und Eltern. Schnell war uns klar, dass dies nur dann gelingt, wenn dieses Buch dort hingelangt, wo Mobbing passiert: an Schulen. Viele Mails und Gespräche später war es uns gelungen, eine große deutsche Krankenkasse davon zu überzeugen, das Buch in ihren Anti-Mobbing-Koffer aufzunehmen. Bis heute haben wir auf diese Weise über 4500 Schulen kostenlos mit Büchern versorgen können – und es werden immer mehr.

Im Frühjahr 2015 bewarben wir uns schließlich mit unserer Verlagsidee bei der Frankfurter Buchmesse; Bücher mit Youtubestars. Das fand die Jury offenbar ähnlich cool wie wir. Sie wählte uns aus der Masse von über hundertdreißig internationalen Start-ups aus und gab uns eine Wildcard. Dies brachte uns nicht nur einen eigenen Messestand, sondern auch viel Aufmerksamkeit in der Buchbranche. Und plötzlich kam eins zum anderen: Wir schlossen eine Vertriebskooperation mit einer großen Verlagsgruppe, mit deren Hilfe wir kurze Zeit später unseren ersten *Spiegel*-Bestseller vorlegten. Anders als gedacht, war es am Ende trotz allem hilfreich, einen richtigen Buchvertrieb zu haben – das hatten wir damit gelernt. Daher lag es auch nahe, den Nachfolger von *Palmen in Castrop-Rauxel* nicht noch mal auf eigene Faust zu veröffentlichen, sondern in einem renommierten Wirtschaftsverlag. Felix schrieb im Laufe des Jahres *Das 4-Stunden-Startup*, welches Anfang 2016 erschien und über vierzehn Monate auf der Bestsellerliste blieb. Zeitgleich zum Erscheinen und damit nur knappe zehn Monate nach der Gründung von »Plötz & Betzholz« wurde unser eigenes 4-Stunden-Start-up von einer großen Verlagsgruppe übernommen.

Du siehst, eine Reise ins Ungewisse kann man nicht planen. Aber es lohnt sich, sie anzutreten. Es gibt keine Garantie darauf, dass du irgendwann auf ein buntes und außergewöhnliches Leben zurückblickst. Aber sicher ist: Es lohnt sich, seine Träume anzugehen und es wenigstens zu versuchen. Denn was wäre schlimmer, als irgendwann auf sein Leben zurückzublicken und sich zu fragen: »Was hätte ich bloß erlebt, wenn ich mich nur einmal getraut hätte?«

14

PROFISPORTLER NICOLAS JACOBI VERZWEIFELT FAST BEI DER WOHNUNGSSUCHE. DANN HAT ER EINE IDEE, DIE DEN WOHNUNGSMARKT REVOLUTIONIEREN WIRD!

ES GIBT OFT NUR EINE GELEGEN- HEIT. ERGREIFE SIE!

Kennst du sie auch: die Magie von Olympischen Spielen? Diese Momente, in denen wir gerührt dasitzen oder durchs Wohnzimmer hüpfen, weil ein junger Mensch, den wir nur aus der Sportschau kennen und der uns doch so vertraut vorkommt, sich soeben seinen Lebenstraum erfüllt hat? Man kann dann förmlich dabei zusehen, wie sich nach dem Abpfiff oder hinter der Ziellinie all der aufgestaute Druck entlädt und sich die Emotionen Bahn brechen. Wir bewundern diese Menschen, sie inspirieren uns, weil sie sich in diesen Sekunden für Jahre der harten Arbeit belohnen. Und auch, weil sie meist keine abgehobenen Millionäre sind, sondern Leute wie du und ich, die nebenher studieren oder einem ganz normalen Beruf nachgehen.

Auf einem Hockeyplatz in Rio de Janeiro ereignete sich im August 2016 ein solch magischer Moment. Die deutsche Hockey-Nationalmannschaft hat nicht ihren besten Tag erwischt. Drei Minuten vor dem Ende steht es 0:2 gegen Neuseeland, dreiundvierzig Sekunden vor dem Abpfiff immerhin nur noch 1:2. Es droht das Aus im Viertelfinale. Der Mitfavorit auf den Titel wäre ausgeschieden. Dann erhält Deutschland eine kurze Ecke, eine besonders torgefährliche Standardsituation. Der Kommentator vermutet, dass dies die allerletzte Chance des Spiels sein könnte. Jetzt oder nie! Das Stadion hält den Atem an. Von den Spielern auf dem Platz denkt in dieser Sekunde keiner an die zurückliegenden Qualen, die Schufterei in den Monaten und Jahren zuvor; nicht an die morgendlichen Extra-Einheiten im Kraftraum, in denen sie Gewichte stemmten und ihre Schnelligkeit verbesserten; nicht an das Klubtraining, jeweils drei Stunden an drei Abenden pro Woche, in dem sie ihre Pässe, Schüsse

und Spielzüge perfektionierten; nicht an die vielen Länderspiel-
reisen und Lehrgänge, für die sie ihren Jahresurlaub opferten.
Alles haben sie in dieser Zeit hinten angestellt, die Freunde, die
Familie. Alles für den einen Traum: Olympiasieger werden.

Nicolas Jacobi steht am anderen Ende des Platzes, gut neunzig
Meter entfernt. Er ist Torwart, der beste seines Landes. Man
kann sagen: Nico ist der Manuel Neuer des Hockeysports. Der
damals Neunundzwanzigjährige kann nicht eingreifen und be-
obachtet, wie Kapitän Moritz Fürste die Hereingabe der Straf-
ecke erwartet. Der Schiedsrichter gibt das Spiel frei, der Ball
kommt scharf herein, Fürste zieht aus vierzehn Metern ab – und
trifft. Jetzt bebt das Stadion, Fürste rutscht auf den Knien über
den Boden, seine Mitspieler, auch Nico, reißen die Arme hoch,
jubeln, Trainer Valentin Altenburg springt einem Ersatzspieler
gar auf (!) den Arm. Jetzt sind noch knapp 40 Sekunden auf der
Uhr. Gibt es doch noch Verlängerung? Die Deutschen erkämp-
fen sich kurz nach Wiederanpfiff in der eigenen Spielhälfte den
Ball, dribbeln sich über die rechte Seite nach vorne. Dann ein
langer Diagonalpass auf den mitgelaufenen Florian Fuchs, der
die Kugel aus zwei Metern über die Torlinie drückt. In buch-
stäblich allerletzter Sekunde! Ende, aus, Deutschland zieht ins
Halbfinale ein. Welch ein Finish, welch eine Magie!

Wie schon 2012, nach dem Gold in London, redete wieder
das ganze Land über unsere Hockeyhelden. Am Ende gewann
Deutschland Bronze, auch deshalb, weil Nico im Spiel um den
dritten Platz im Penalty-Schießen zwei Schüsse hält und damit
zum Helden des Spiels wird.

Wer als Unternehmer, und sei es nur im Nebenjob, fleißig ist
und hart arbeitet, wer Geduld beweist, schwierige Momente meistert, immer an sich glaubt, und dem dann, im Falle des
Durchbruchs, eine derartige Welle der Begeisterung entgegen-
schlägt, der kann in der Regel von seiner Arbeit leben. Im Ho-

ckey ist das anders. In den Tagen von Rio, in denen über alle Sportarten hinweg die vorgegebenen Ziele im Medaillenspiegel nicht erfüllt wurden, verbreitete sich ein provokanter Satz in den sozialen Medien: »In einem Land, in dem ein Olympiasieger zwanzigtausend Euro Prämie bekommt und ein Dschungelkönig hundertfünfzigtausend Euro, sollte sich niemand über fehlende Medaillen wundern.«

Dieser Satz, so kontrovers er sicher zu diskutieren wäre, stammt von Markus Deibler, dem Weltmeister von 2014 über zweihundert Meter Lagen, der seine Schwimmkarriere gleich nach diesem Titel beendete und eine Eisdiele auf St. Pauli eröffnete. Gestern noch Weltklasse, heute Eisdiele: Das ist symptomatisch. Ausgesorgt hat keiner. Olympioniken sind keine Fußballer, sie erhalten keine Millionenverträge. Auch auf die Rente zahlen die Sportlerjahre nicht ein, weder bei Schwimmern noch bei Leichtathleten oder Turnern. Auch ein Hockeyspieler, sagt Nico, müsse spätestens mit dreißig Jahren seine Karriere als Nationalspieler beenden, um endlich Zeit zum Geldverdienen zu haben. »Das ist eigentlich bitter, weil dreißig das beste Hockeyalter ist«, sagt er, »aber welcher Arbeitgeber lässt einem schon über mehrere Jahre derartige Freiräume, für die bis zu siebzig Spiele im Jahr, das Training, die Reisen zu Lehrgängen?«

Nico wollte nie eine Eisdiele eröffnen. Was er auf Dauer sehr wohl wollte, war das, was er schon immer auf dem Hockeyplatz tat, seit er als junger Kerl zum ersten Mal das Tor der U14-Nationalmannschaft hütete: Verantwortung übernehmen. Was dafür nötig ist, wusste Nico nur zu gut: mehr machen als andere, Zeit »opfern«, um weiterzukommen. Er kannte es ja auch nicht anders. Und doch sollte der Weg bis zur Erfüllung ein weiter werden.

Nico kommt als jüngstes von vier Kindern in Mainz zur Welt. Als er zum ersten Mal einen Hockeyschläger in die Hand nimmt, ist die Familie Jacobi längst hockeyinfiziert. Im heimischen Garten kommt es zu den ersten Duellen, und weil seine Schwester Lena, selbst später Europameisterin, am liebsten Tore schießt, braucht sie einen Torwart. Von klein auf spielt Nico intensiv Hockey neben der Schule, später neben dem Bachelorstudium der Wirtschaftswissenschaften, dem Masterstudium in BWL und seinem Trainee bei einer Hamburger Privatbank. Hockey ist von Kindesbeinen an sein Vier-Stunden-Start-up, oder besser gesagt: sein Deutlich-mehr-als-vier-Stunden-Start-up. Bleibt da noch Zeit, um eine Selbstständigkeit vorzubereiten?

Seit Herbst 2012, Nico ist in den letzten Zügen seines Studiums, lässt sich die Frage beantworten: Ja, es bleibt Zeit dafür. Dabei gleicht dieses Jahr einer emotionalen Berg- und Talfahrt. Mit dem Uhlenhorster HC gewinnt Nico die Euro Hockey League, das Pendant zur Champions League der Fußballer. Sowohl im Halbfinale als auch im Endspiel hält Nico vier Penaltys. Ein paar Wochen später fährt Nico als Ersatztorwart mit zu den Olympischen Spielen nach London. Die Mannschaft holt sogar Gold, doch Nico spielt keine einzige Minute, obwohl es viele gibt, die ihn damals in besserer Form sehen. Bei der Siegerehrung bekommen allerdings nur die Spieler eine Medaille umgehängt, die mindestens in einer Partie auf dem Platz standen. Ein schmerzhafter Moment für Nico, der das runde Edelmetall zumindest nachträglich bekommen hat.

Zurück in Deutschland machte sich Nicolas, damals Mitte 20, auf die Jagd nach einer Wohnung. Das Wort Jagd trifft es ganz gut, denn das Gute, und das darf im Namen aller entmutigten Langzeitwohnungssuchenden auch mal geschrieben werden, ist: Selbst ein Olympiasieger hat Schwierigkeiten, in Hamburg eine Wohnung zu finden. Wochenlang durchforstet er die einschlägigen Immobilienportale nach einer geeigneten Bleibe, nimmt an Massenbesichtigungen teil und erhält Absagen. Der ganz normale Wahnsinn eben in einer Stadt, in der chronischer

Wohnungsmangel herrscht. Für 1,8 Millionen Menschen stehen neunhundertdreißigtausend Wohnungen zur Verfügung, mehr als zwei Drittel davon zur Miete. Weil die meisten Hamburger aber alleine wohnen, reicht das vorne und hinten nicht.

Nico Jacobi hasste die Ineffizienz und Intransparenz bei der Wohnungssuche. Und so brachte ihn sein eigenes Problem auf eine Idee: Wie wäre es, wenn Hausverwaltungen und Wohnungsunternehmen die Suche nach neuen Mietern weitestgehend digital abwickeln könnten, ohne Makler und trotzdem mit möglichst wenig Arbeit? Der Vermieter müsste nur angeben, welche Eigenschaften der potenzielle Mieter am liebsten aufweisen sollte, zum Beispiel die Höhe des Einkommens, der Familienstand, ob es sich um einen Nichtraucher handeln soll, ob Haustiere oder die Gründung einer WG erlaubt sind, und viele dutzend weitere Informationen. Die Bewerber würden anschließend im Internet ihre Selbstauskunft ausfüllen. Ein Algorithmus gleicht schließlich beide Profile ab und übersendet dem Vermieter die passendsten von oft bis zu 200 Bewerbern. Das spart beiden Seiten Zeit: Denn der Wohnungssuchende erfährt umgehend, wie hoch seine Erfolgsaussicht auf das gewünschte Objekt ist.

Er erzählt zwei Freunden – der eine, Nico Vogelsberger, sein Kommilitone und alter Bekannter aus Mainz, der andere, Johannes Hiemer, Programmierer aus Mainz– von der Idee. Die drei hatten schon in der Vergangenheit die eine oder andere Geschäftsidee durchgespielt, sogar schon mal einen gemeinsamen Businessplan geschrieben. Damals wollten sie kleinen Shops die Möglichkeit einräumen, ihren Kunden eine Null-Prozent-Finanzierung anzubieten. Sie verwarfen die Idee, weil die Regularien in der Finanzbranche einfach zu streng sind. Doch diese Wohnungsplattform, die hat das Zeug, ihr eigenes großes Ding zu werden. Sie tauften das Unternehmen Immomio. Doch die drei jungen Männer hatten ein Problem übersehen: Die Hausverwaltungen hatten gar keinen Bedarf an dieser Dienstleistung. Sie setzten seit jeher Makler ein, um neue Mieter für ihre Wohneinheiten zu finden, schließlich kostete sie das nicht einmal viel Geld, denn die Courtage wurde in aller Regel auf den späteren Mieter abgewälzt. Das Trio realisierte schnell: So wird das nichts. Das Konzept verschwand in der Schublade, vorerst.

Tipp von Nico

Sport weist Parallelen zum Gründen eines Vier-Stunden-Start-ups auf: Du schuftest jahrelang, entbehrst vieles, durchlebst Berg- und Talfahrten, und weißt nie, ob du am Ende zum Ziel kommst. Ich zum Beispiel musste acht Jahre lang warten, bis ich zum ersten Mal bei Olympia im Tor stehen durfte, obwohl ich in den Jugendmannschaften immer die Nummer eins war. Aber mit 20 brach ich mir den Mittelfuß. Das hat mich in meiner Entwicklung sehr zurückgeworfen. Nicht anders ist es als Unternehmer: Wenn du gerade glaubst, es läuft, merkst du plötzlich, dass es noch ein ganz langer Weg ist bis zum Erfolg. Erfolg hat ganz viel mit Durchhalten zu tun.

Die Sache änderte sich, als Nico zwei Jahre später, also Mitte 2014, erfährt, dass der Staat ein Gesetz einführen will, das Bestellerprinzip heißt und bei dem derjenige die Rechnung für den Makler zahlen muss, der diesen beauftragt. Ab sofort würde der Eigentümer zur Kasse gebeten. Würde er jedoch die Dienste von Immomio nutzen, käme er ohne Makler aus: Die Suche nach Mietern übernimmt der Algorithmus, die Tür für die Besichtigung schließen Studenten auf, die deutlich günstiger sind als ausgebildete Makler. Kurz gesagt: Jetzt wäre für die drei doch endlich die Gelegenheit loszulegen! Doch mittlerweile haben sie sich beruflich weiterentwickelt: Nico Vogelsberger hatte das Steuerbüro seines Vaters übernommen, Johannes Hiemer leitete eine gut laufende IT-Beratung und Nico boten sich perfekte Zukunftsperspektiven bei der Hamburger Privatbank, für die er als Trainee arbeitete. Und nun?

Nico hatte ein vertrauensvolles Verhältnis zu seinen Chefs. Sie hatten ihm bei seiner Anstellung sogleich die Freiräume für seinen zeitintensiven Sport ermöglicht, im Gegenzug verzichtete Nico auf eine volle Stelle. So konnte er seine Abwesenheit kompensieren. Also fragte er seine Chefs, den Vorstand der Bank, was sie von der Idee halten, und bekam eine klare Antwort: Sie würden großes Potenzial darin sehen. Das Urteil reichte Nico aus, es motivierte ihn. Ein halbes Jahr malochte Nico fortan an drei Fronten: als Bankberater, Hochleistungssportler und Jungunternehmer. Wäre Immomio nicht gewesen, Nico hätte mit dreißig versucht, Karriere in der Bank zu machen. Bis wohin kann ich kommen? Diese Frage reizte ihn, im Sport, aber eben auch im Beruf. Und doch befriedigte sie ihn nicht. Ihm fehlte Gestaltungsspielraum, obwohl ihm sein Chef anbot, eine eigene Abteilung aufzubauen, die sich auf die Finanzplanung von Profisportlern spezialisieren sollte. Doch er wollte nicht derjenige sein, der reichen Fußballern sagt, was sie mit ihrem Geld anstellen sollen. Er wollte selbst gestalten, mit eigenem Geld und eigenen Ideen.

Im Oktober 2014 kündigte Nico seinen Job, nur zwei Jahre, nachdem er als Trainee angefangen hatte. Er wusste, dass er jetzt, wenige Monate vor Inkrafttreten des Bestellerprinzips, Vollgas geben musste, um nicht zu spät dran zu sein. Nico Vogelsberger und Johannes Hiemer setzten nicht alles auf diese Karte. Beide sind Gesellschafter in ihren Unternehmen und haben eine Verantwortung für ihre Mitarbeiter sowie Mitgesellschafter. Und doch wollten sie unbedingt an Bord bleiben: Sie führten ihre Unternehmen weiter und sahen in Immomio zunächst ein Nebenherprojekt.

Tipp von Nico

In meinem Fall wäre es sicher besser gewesen, erst nach der Nationalmannschaftskarriere loszulegen, um nicht zu viele Herausforderungen parallel meistern zu müssen. Aber manchmal muss man auf die Gegebenheiten reagieren und Pläne kippen. Timing ist – das zeigt mein Beispiel nur zu gut – das Wichtigste bei einer Gründung. 2012 wäre für Immomio zu früh, Ende 2016 zu spät gewesen.

Nicos Eltern hatten für seine Kündigung zunächst nur wenig Verständnis. Sein Vater, Zahnarzt mit eigener Praxis, fragte: »Und was machst du, wenn es schiefgeht?« Nico antwortete mit einer Gegenfrage: »Hast du dir diese Gedanken auch gemacht, als du damals die Praxis eröffnet hast?« Damit war das Thema vom Tisch. Nico wusste, dass er, egal was passiert, am Ende mit seiner Vita und seinen Kontakten wieder auf die Füße fallen würde. Zudem bekam er über die Sportförderung und das Honorar vom Verein gerade so viel Geld im Monat, dass er sich als Geschäftsführer von Immomio kein Gehalt auszahlen musste. Das entlastete die Firmenkasse, die nach zwei Finanzierungsrunden verhältnismäßig üppig bestückt war. Die Innovations- und Förderbank gab hundertfünfzigtausend Euro, ein Family Office beteiligte sich mit einer hohen Summe, hinzu kam Eigenkapital. Machte insgesamt sechshundertfünfzigtausend Euro Anschubfinanzierung.

Einer seiner anfänglichen Ratgeber war Arnd Kwiatkowski, der Gründer von ImmobilienScout24. Wie man solch einen erfahrenen Experten für sich gewinnen kann? Ganz einfach: Auch hier öffnete Nico der Sport, in den er so viele Stunden investierte, eine Tür. Kwiatkowski war nämlich ebenfalls Mitglied des Uhlenhorster HC und derjenige, der Nico ein paar wichtige Tipps gab. Er war es nun auch, der Nico Ende 2014 darauf hinweist, dass sein Kollege Petr Bradatsch, ebenfalls Mitgründer von ImmobilienScout24, in München gerade an einer ganz ähnlichen Idee arbeitet. Kwiatkowski stellt den Kontakt her, und tatsächlich: Bradatsch ist sogar schon ein ganzes Stück weiter als Nico und seine Kollegen. Bradatsch macht den Immomio-Jungs ein Übernahmeangebot, er suche noch IT-Leute und einen Geschäftsführer. Gleichzeitig fehlt Immomio noch ein Front-End-Entwickler. Ohne den würde der Plan kippen, doch Entwickler sind zu der Zeit heiß begehrt, der Markt ist wie leergefegt. Bradatsch gibt Nico und seinem Team eine Deadline, ein Montagabend im Dezember 2014, zwanzig Uhr. Und dann passiert etwas, das an die Dramaturgie des Hockey-Viertelfinalspiels in Rio erinnert: Auf den letzten Drücker, drei Stunden vor Ablauf der Frist, antwortet ein Entwickler via Skype. Er habe ab Januar Zeit, für Immomio zu arbeiten. In einer spontanen Skype-Konferenz besprechen sie alle Details und einigen sich mündlich auf einen Vertrag. Das ist zwar nicht hundert Prozent wasserdicht, aber für Nico und seine Freunde sicher genug. Wenige Minuten nachdem sie auflegen, sagen sie Bradatsch um Punkt zwanzig Uhr ab. Welch ein Finish, welch eine Magie! Das, sagt Nico heute, sei ein Zeichen von ganz oben gewesen.

Das Bestellerprinzip verfehlte die erwartete Wirkung nicht. Plötzlich verursachte die Mietersuche hohe Kosten für die Immobilieneigentümer. Gleichwohl vermehrten sich in derselben Zeit die Hürden, die sich den Immomio-Jungs in den Weg stellten.

Hürde eins: Die Immomio-Jungs verstanden erst jetzt, dass sie einem Trugschluss aufgesessen waren. Sie dachten, ihre Hauptkunden seien die privaten Wohnungseigentümer, die selbst einen neuen Mieter suchen, sobald ihre Wohnung freisteht. In Wahrheit überließen die meisten Eigentümer schon immer Immobilienverwaltern die Aufgabe, sich um die Immobilie zu kümmern. Der Verwalter wiederum delegierte die Suche nach neuen Mietern an einen Makler, schließlich kostete es den Eigentümer nichts. Mit Inkrafttreten des Bestellerprinzips schlug der Verwalter dem Eigentümer vor, selbst für einen Bruchteil dessen, was zuvor der Makler kostete, auf die Suche nach einem neuen Mieter zu gehen. Damit wanderte das Geschäft nicht wie erwartet zu den Online-Makler-Start-ups, sondern zu den Verwaltern. In der Branche sprachen sie daher vom größten Subventionierungsprogramm für die Immobilienverwalter. Diese erste Hürde übersprang Immomio, indem es seine Strategie änderte und fortan nicht mehr die Eigentümer, sondern die Verwalter, professionellen Bestandshalter (zum Beispiel städtische Wohnungsgesellschaften) und Makler adressierte.

Hürde zwei: Weil die Nachricht von der Einführung des Bestellerprinzips durch alle Medien ging, war die neue Konkurrenz für Immomio enorm. Etwa sechzig Start-ups starteten fast zeitgleich, um vom neu zu verteilenden Kuchen ein Stück abzubekommen. Auch eine Firma der Samwer-Brüder war darunter, die größte Konkurrenz wahrscheinlich, die man sich vorstellen kann. Doch sie scheiterte. Nico irritiert die Vielzahl der Wettbewerber anfangs, es bremst ihn sogar und zieht ihn runter. War meine Idee so alltäglich? Doch er wandelt, ganz Sportler, diese negative Energie in etwas Positives um: Wenn so viele in den Bereich vorstoßen, muss da tatsächlich ein Markt sein, in dem es etwas zu holen gibt!

Tipp von Nico

Setzt euch am Anfang ganz intensiv mit dem Markt auseinander, in den ihr vordringen wollt. Wir haben uns gegen all die anderen Start-ups durchgesetzt, weil wir die Einzigen waren, die verstanden, was sich genau für wen verändert hat.

Hürde drei: Zwar vereinfacht das von Immomio entwickelte Matchingverfahren den Suchvorgang, und die großen Verbände bestätigten den Immomio-Jungs, dass sie bei ihren Mitgliedern ein Bedürfnis befriedigen. Das Problem war jedoch, dass alle seit jeher eine eigene Software nutzen, mit der sie bereits die Daten ihrer Mieter verwalten. Und ein Software-Wechsel ist in der Wohnungswirtschaft, die teilweise in 10- bis 20-Jahres-Zyklen denkt, ein zäher Prozess. Also drehte Immomio Mitte 2017 erneut am Konzept und entwickelte eine Schnittstelle, mit der man das Matching an die bestehende Software andocken kann. Die Lizenzvergabe der Software soll fortan eines von zwei wichtigen Einnahmequellen sein.

Apropos Geldverdienen. Die Frage, wie Immomio Umsatz generiert, ist schnell beantwortet. Auf einer Plattform, auf der weder der Anbieter noch der Suchende für die Dienstleistung bezahlen müssen, rollt der Rubel anderweitig: per Provisionsgeschäft. Der Wohnungssuchende kann nämlich bequem über Immomio eine Bonitätsauskunft einholen, eine Mietkaution hinterlegen und seinen Umzug planen. Immomio verdient immer mit. »Wir wissen von jedem, wo er bei seiner Wohnungssuche steht, ob er sich noch bewirbt oder ob er schon etwas gefunden hat, ob er auf seine Bonitätsauskunft wartet oder einen Besichtungstermin vor sich hat«, sagt Nico. Das wiederum sind Daten, für die zum Beispiel ein Umzugsunternehmen oder Einrichtungshaus Geld bezahlen würde. Deshalb sagt Nico, das Wertvollste an Immomio sei die Datenbank. Bis Mitte 2017 zählt Immomio rund 100.000 Datensätze von Mietinteressenten, zehnmal so viele wie noch im Jahr zuvor. Seine Vision lautet: Künftig wird nicht mehr nur jeder zehnte Erwachsene wohnungssuchend sein, sondern alle Erwachsenen. Jeder, der sich bei Immomio registriert, wird passgenaue Angebote erhalten, ohne dass er gerade aktiv sucht. Nico ist davon überzeugt, dass jeder, der in einer besseren Wohnlage mehr Platz für einen niedrigeren Mietpreis ergattern kann, den Aufwand eines Umzuges auf sich nimmt.

Bis Ende 2017 will Nico mit Immomio schwarze Zahlen schreiben. Ob sich seine These bewahrheitet, wird auch darüber entscheiden, wie es mit Immomio weitergeht. Eins hat er jedenfalls schon entschieden: Er wird sich künftig nur noch auf sein

Unternehmen konzentrieren, die Zeit des Sowohl-als-auch-Lebens soll enden. Er erklärte nicht nur seinen Rücktritt aus der Nationalmannschaft, sondern hängt auch den Schläger in der Bundesliga an den Nagel. Das Kapitel als Hochleistungssportler schließt sich, das als Unternehmer hat gerade erst begonnen. An magischen Momenten wird es ihm sicher auch in Zukunft nicht fehlen.

Falls dich die Geschichte von Nicolas Jacobi inspiriert hat oder noch Fragen offen sind, schreibe ihm gerne. Er ist unter njacobi@immomio.de zu erreichen.

EIN AUSBLICK

Möglicherweise kommt es dir etwas zu hochgegriffen vor, aber wir glauben, wir stehen am Beginn von einer Veränderung, die große Kreise ziehen kann und die Welt nicht nur ein bisschen bunter, sondern auch ein bisschen besser machen könnte. Stell dir vor, wir schafften es, genug Menschen von der Idee zu begeistern, ihr eigenes Ding zu starten – nebenher, ohne gleich zu kündigen und ohne großes Startkapital. Wenn wir es schafften, viele zu ermutigen, den ersten Schritt zu wagen – wie viele Bücher, Songs, Geschäftsideen würden dann entstehen, die sonst niemals entstanden wären? Welche wunderbaren Dinge könnten entstehen, wenn mehr Menschen es schafften, die Hürde vom Denken zum Handeln zu überwinden? Wenn bloß mehr Träume unsere Hinterköpfe verließen und Wirklichkeit würden!

Stell dir vor, das eigene Ding nebenher zu machen, würde irgendwann so normal sein, wie es heute Elternzeit oder in manchen Unternehmen ein Sabbatical oder ein MBA sind. Stell dir vor, Unternehmen würden ihre Mitarbeiter ermutigen, etwas Neues, im weitesten Sinne Unternehmerisches, neben ihrer Arbeit zu starten – weil sie verstanden haben, dass dies für alle Beteiligten richtig viel bringt. Weil Mitarbeiter glücklicher sind, die selbstbestimmt ihre persönliche Entwicklung in die Hand nehmen, mit einer Aufgabe, die ihnen Freude bereitet und sie gleichzeitig herausfordert. Weil Mitarbeiter, die ihre Kreativität trainieren und gleichzeitig den Mut entwickeln, ausgetretene Pfade zu verlassen, wertvoller für ihr Unternehmen sind.

Unternehmerisch zu denken, innovative Ideen zu entwickeln und Entscheidungen zu treffen, lernst du am besten, wenn dich etwas berührt und dir wirklich wichtig ist – nicht in einem zwei-tägigen Innovationsseminar. Letztlich werden Firmen, die genau das verstanden haben, sich von weniger einfallsreichen Arbeitgebern im Wettbewerb um die besten Talente absetzen können. Das ist sicher der wesentliche Grund, warum Google oder Apple für ihre enorme Innovationsfähigkeit bekannt sind und gleichzeitig zu den beliebtesten Arbeitgebern gehören. Das Angebot von Unternehmen an ihre Mitarbeiter, neben dem Hauptberuf etwas Neues zu starten, könnte irgendwann genauso normal sein wie das Angebot von nebenberuflicher Weiterbildung oder Ähnlichem. Vielleicht ist diese Vorstellung heute noch zu hochgegriffen, aber wir finden, sie hat eine Menge Charme.

Es ist Zeit für eine neue Gründerzeit!

CROWDFUNDING &
DANKSAGUNGEN

Ihr habt an ein Buch geglaubt, das es noch nicht gab. Ihr habt Geld für etwas gegeben, das zu dem Zeitpunkt noch nicht mehr war als eine Idee. Ihr seid Träumer, und das im allerbesten Sinne. Ihr seid unsere Helden. Ohne euch gäbe es dieses Buch nicht. Deshalb ein ganz aufrichtiges DANKE an:

Birgit Ostermann, Carola Gilles, Charmaine Fabricius, Christian Rehtanz, Daniel Bayer, Daniel Gallina, Dr. Dirk Mertin, Falk Zager, Frank Küpper, Hans Jürgen Rosen, Hansjürgen Melzer, Heinrich Krischer, Heinrich Strößenreuther, Holger Richels, Julia Gotthard, Kai Küper, Katja Sponholz, Marie Lisa Schulz, Mark Hoffmann (1. Unterstützer! ;)), Melanie Pappendorf, Mike Jürgens, Miriam Jusuf, Olli Eitner, Sara Kerbusk, Thomas J. Bauer, Van Bo Le-Mentzel. Stephan Gessner, Olga Sabristova, Carsten Graef, Sylvia Tiews, Klaus Kukuk, Jean-Pierre Valenghi

Unser Weg war lang, zehn Monate und viele tausend Kilometer, um genau zu sein. Danke auch an alle, die uns auf diesem Weg unterstützt haben. Danke an Michael Schickerling, der dieses Buch lektoriert hat, uns wertvolle Tipps gab und uns brachial einflößen musste, dass man in Büchern selbst monströse Zahlen wie achzigtausendvierhundertzwölf nicht als Ziffer schreibt. Wir danken auch Barbara Wenner, die uns das Selbstbewusstsein gegeben hat, dass wir mit dem Buch auf dem richtigen Weg sind.

Wir danken Kristin, Marie, Nina, Jule und Heiko, dass ihr uns auf unserer Reise beherbergt habt. Auch dir, Conny, gebührt

Dank, dass du für so viel Geld das Fashion-Week-Ticket gekauft hast, um unser Projekt so maßgeblich zu unterstützen.

Danke an Patrick, dass auch du für dieses Buch so tief in die Tasche gegriffen hast, und natürlich vielen Dank an unseren spendablen Multimillionär, dass Sie uns für unseren Weg so viel mehr mitgegeben haben als nur die fehlenden dreieinhalbtausend Euro. Geld verdirbt nicht den Charakter – das wissen wir, seitdem wir Sie kennen.

Ich danke Klaudia und Oswald Betzholz, meinen Eltern: Ihr habt mich geleitet, ermutigt, geliebt und getröstet, habt oft selbst verzichtet, damit ich glücklich bin, und habt trotzdem noch genügend Liebe und Energie für meine geliebte Schwester Gina übriggehabt. Ich bin froh, dass ich euch drei habe.

Judith, danke, dass du mich der Traumtänzer sein lässt, der ich bin. Ich bin so dankbar, dass ich dir begegnet bin.

Und zuletzt, danke, Malte: Ohne dich wäre ich nie nach Bad Honnef gekommen, hätte nie Felix und Judith kennengelernt und nicht dieses Buch geschrieben. Du bist für mich Mentor, Vorbild und väterlicher Freund in einer Person.

Das Leben ist nicht planbar. Ohne dich, Sylvana, wäre ich immer noch in meinem alten Weltbild gefangen und hätte nie den Mut gefasst, mein sicheres Leben aufzugeben. Ich hätte nicht das *Little Life-Changing Booklet* geschrieben, um dir damit einen Antrag zu machen. Ich wäre dir nicht nach Asien hinterhergereist, hätte keinen Zwischenmieter gebraucht und Dennis nicht kennengelernt. Hättest du »Ja« gesagt, hätte ich mich nicht mit all meiner Energie in dieses Nebenprojekt gestürzt. Das Leben ist nicht planbar, und ich danke dir für den Mut, den du mir gegeben hast, um mehr auf mein Herz als auf meinen Kopf zu hören – denn am Ende hat alles seinen Sinn.

Über die Autoren

Dennis Betzholz, geboren 1985 in Oberhausen, ist Redakteur der WELT. Zuvor schrieb er für mehrere Tageszeitungen und Magazine, unter anderem für Stern und Spiegel. Er war bereits für den Deutschen Reporterpreis und den Henri-Nannen-Preis nominiert. 2014 wurde er mit dem Konrad-Duden-Journalistenpreis und dem Lorry ausgezeichnet. Sein zweites Buch »Ich bin ich und wir sind viele«, in dem es um Mobbing geht, gehört in mehr als 4500 Schulen zur Pflichtlektüre. Er lebt in Hamburg.

Felix Plötz, geboren 1983 in Marl, ist Wirtschaftsingenieur, Autor und Unternehmer. Er gründete neben seiner Anstellung als Area Sales Manager in einem internationalen Großkonzern ein eigenes Start-up. Sein erstes Buch, das Little Life-Changing Booklet, wurde ein Bestseller zum Thema Motivation auf Amazon. Sein aktuelles Buch »Das 4-Stunden-Startup« war monatelang auf der Wirtschaft-Bestsellerliste. Seine Vorträge über Mut, unternehmerisches Denken und Innovation hält er an Hochschulen und in Unternehmen. Er lebt in Essen.

Gemeinsam haben sie das Verlags-Start-up Plötz & Betzholz gegründet und leiten es noch heute unter dem Dach einer großen Verlagsgruppe.